服装设计与工艺职业教育新课改教程

服装缝制工艺项目教程

主　编　陈素霞　李金柱
副主编　陈素莉　孙爱芝
参　编　栾伟伟　韩　越　肖立飞　王建英　孙文谦
　　　　葛　丽　张晓玉　项　坤　刘国树　何秀云
　　　　齐延娟

机械工业出版社

本书根据中等职业教育的性质、任务和培养目标，以就业为导向，以符合职业教育课程教学的基本要求和有关岗位资格及技术等级要求、符合职业教育的特点和规律、符合国家有关部门颁发的技术质量标准为目标进行编写。

本书从培养中等职业学校学生的基础能力出发，在项目内容的编排上遵循专业理论的学习规律与操作技能的形成规律，使学生在项目引领下学习服装制作的相关理论和技能知识，避免理论教学与实践的脱节。全书共分为七个项目，项目一为初识服装缝制，主要介绍常用手缝针法训练、机缝工艺基础与训练、熨烫工艺基础与训练；项目二至项目七主要介绍西服裙、男西裤、女衬衫、男衬衫、女上衣、男西服的测量、裁剪、缝制和检验标准。在项目实训完成后还安排了实训拓展练习，以由浅入深地增加学生的知识储备。

本书可作为中等职业学校服装设计与工艺专业教材，也可作为相关职业资格和岗位技能培训教材。

图书在版编目（CIP）数据

服装缝制工艺项目教程/陈素霞，李金柱主编. —北京：机械工业出版社，2013.11

服装设计与工艺职业教育新课改教程

ISBN 978-7-111-44253-0

Ⅰ.①服… Ⅱ.①陈…②李… Ⅲ.①服装缝制-高等职业教育-教材 Ⅳ.①TS941.63

中国版本图书馆 CIP 数据核字（2013）第 234169 号

机械工业出版社（北京市百万庄大街22号 邮政编码100037）
策划编辑：梁 伟 责任编辑：梁 伟 孟晓琳 版式设计：霍永明
责任校对：王 琳 封面设计：鞠 杨 责任印制：张 楠
涿州市京南印刷厂印刷
2014年1月第1版第1次印刷
184mm×260mm·7 印张·172 千字
0001—2000 册
标准书号：ISBN 978-7-111-44253-0
定价：19.00 元

凡购本书，如有缺页、倒页、脱页，由本社发行部调换
电话服务 网络服务
社 服 务 中 心：(010) 88361066 教材网：http://www.cmpedu.com
销 售 一 部：(010) 68326294 机工官网：http://www.cmpbook.com
销 售 二 部：(010) 88379649 机工官博：http://weibo.com/cmp1952
读者购书热线：(010) 88379203 **封面无防伪标均为盗版**

前　言

胡锦涛总书记说过："没有一流的技工，就没有一流的产品；技能型人才在推进企业自主创新方面具有不可替代的重要作用。"我们的中职学生怎样才能成为一流的技工，我们的学校怎样才能培养出技能型人才，是很多中职学校教育改革、教材改革一直在探索的新课题。

当前，中国已经成为名副其实的世界服装生产大国，但在国际知名服装品牌中却无一席之地。我国服装行业增长方式依然是粗放型，自主创新能力、打造自主品牌能力相对薄弱；生产方式、管理机制和综合实力，还不能适应国际化竞争。而不具备这种核心竞争力的原因是缺乏技能型人才。我们与国际知名服装品牌的距离究竟有多远？这个距离就是：从"优秀毕业生"到"合格技工"的距离；从"理论知识型"到"实用技能型"教育模式的距离；从"知识"到"生产力"孵化效率的距离。

解决学校教育改革瓶颈和企业技能型人才缺乏问题的关键是："校企深入合作、教育知行合一。"校企双方必须站在发展民族服装产业、培育技能型人才的高度上，以人才为支撑、以科技进步为动力，加强交流、互相学习、共同提高。在教师队伍实践培训、实用性教材编写、双元式教学模式和定向式培养方面加强合作，共同打造互通有无、合作共赢的校企生命共同体，形成产、学、研健康发展的高效生态链。企业为学生们提供的不只是一个就业岗位，而是要为学生提供施展个人才华的宽广舞台，为学生提供长远发展的美好未来；学校也不再是简单地为学生提供学习机会，而是培育专业专能的优秀人才，为民族服装产业提供优秀的智力成果。

本书正是站在"培养技能型人才的高度"编写的，是"校企深度合作、知行合一教育模式"探索的结晶。本书采用"理论与实践结合、教育与培训结合、课堂与现场结合、自学与助学结合、共性与个性结合、文字与图例结合"的编写方式，更适应技能型人才的培养，更适合教师的实践教学，更符合学生的学习兴趣，更符合企业对员工继续培训的需求。本书既是服装类专业中职学生难得的教材，也是其继续学习、深造的基石，更是解决"学生无法优质就业、企业无一流人才可用"瓶颈的处方。

本书既是中等职业学校服装设计与工艺专业学生学习教材，又是红领集团岗前培训的指定教材。该教材以职业岗位和职业能力为本位确定课程体系，与红领集团技术人员共同研究职业标准，调整课程结构和教学内容，确保专业教学与职业岗位相对接，构建以职业岗位工作任务为导向的教学内容，形成项目化课程结构。

本书从职业学校学生的基础能力出发，在结构上，遵循学生理论学习规律和技能形成规律，按照由简到难的顺序，设计一系列技能训练项目，使学生在项目引领下学习服装基本款式的相关理论和技能，避免理论教学与实践相脱节。本书的编写能够反映新知识、新技术、新方法、新工艺，取材恰当，富有典型性和启发性，深浅适度。

全书由陈素霞、李金柱主编，陈素莉、孙爱芝任副主编。具体编写分工如下：项目一由陈素霞编写；项目二由韩越与红领集团技术人员葛丽共同编写；项目三由孙文谦与红领集团技术人员张晓玉共同编写；项目四由陈素霞、王建英共同编写；项目五由肖立飞与红领集团技术人员葛丽编写；项目六由栾伟伟、何秀云、齐延娟与红领集团技术人员项坤共同编写；项目七由陈素莉、孙爱芝与红领集团技术人员刘国树共同编写。

在本书的编写过程中，红领集团不仅派技术骨干直接参与，而且还在教材策划、资料提供、内容审核等方面给予了大力支持和无私帮助；本书得到青岛市城阳区职业中等专业学校各级领导的关怀和支持，在此一并表示衷心感谢。

由于编者水平有限，书中难免有遗漏、错误及不足之处，欢迎各位专家、各职业学校的师生和广大读者批评指正。

编　者

目　　录

项目一　初识服装缝制

任务一　手　缝

　　制作舒适合体、美观大方的服装，需要准确的量体和裁剪，更需要精良的制作工艺。作为一名服装技术人员，不仅要熟练地使用缝纫设备，还要熟练地掌握手缝工艺。手缝工艺具有操作灵活方便的特点，现代服装的缝、撬、缲、环、缭、拱、扳、扎、锁、钩等工艺，均体现了高超的手工工艺技能，尤其是在加工制作一些高档服装时，有些工艺是机缝工艺难以替代的，必须采用手缝工艺来完成。因此，每个学生都必须勤学苦练各种手缝技能，才能达到各种服装制作工艺的要求。

任务准备

1. 选用针

　　手缝针的选用很重要。手缝针型号规格有 1～15 个号码，号码越小，针身越粗越长；号码越大，针身越细越短。有些型号的手缝针也有针身粗细相同而长短不一的，如长 7 号、长 9 号就比正常的 7 号、9 号长，以符合不同面料和针法的需要。针的选用与面料的厚薄、质地，线的粗细，工艺的需求有着不可分割的关系。一般的选用原则为料厚针粗、线粗针也粗。

2. 选用线

　　缝线的选用根据面料厚薄、工艺需求而定。用线的长度应以右手拉线动作的幅度大小，并结合实际需用的长度来定，一般控制在 50cm 左右。有些缝线由于捻度较大，手缝时会产生拧绞打结现象，需要在手缝时经常将线顺其捻向捻几下。丝线还可在手缝前将其熨烫一下。

任务实施

手针号码与线的关系

针号	1	2	3	4	5	6	7	8	9	10	11	长 7	长 9
直径/mm	0.96	0.86	0.78	0.78	0.71	0.71	0.61	0.61	0.56	0.48	0.48	0.61	0.56
长度/mm	45.5	38	35	33.5	32	30.5	29	27	25	25	22	32	30.5
线的粗细	粗线			中粗线				细线		绣线			
用途	厚料			中厚料				薄料		轻薄料			

一、缝针

缝针指针距相等的针法，是手缝针法中最基本的针法。

1

序号	工艺操作方法及要求	操作图示	在服装上的运用
1	线头穿入针眼 1.5cm 左右随即拉出。打线结时尽量少露线头，以不会从衣料空隙中脱出为准		
2	左手拇指和小指放在布料上面，食指、中指、无名指放在布料下面，拇指、食指捏住布料，无名指、小指夹住布料。右手无名指、小指也夹住布料，拇指、食指捏针，中指用顶针箍顶住针尾		一般用于缝袖子的袖山头吃势和收拢圆角内缝等
3	在布料上挑起一针，接着将食指移到布下，隔布挟住针杆，一针一针地从右往左顺序向前缝，左手向后退，两手捏住的布应配合针做上下而有规律的移动		

二、撨针

撨针分单针撨线和双针撨线两种，方向均从右往左向前撨。针距按缝制要求，可疏可密，撨针线迹形状一般为直向型，但也有斜向型的。按工艺的不同要求有平、层、紧三种撨法。

撨针用于两层或多层布料缝合工序前的定位，在缝合工序完成后可将撨线抽掉。

序号	工艺操作方法及要求	操作图示	在服装上的运用
1	平缝处平撨，吃势处层撨，归拢处紧撨，临时固定的撨线大多应撨缲线的内侧，如缲坐倒缝则可撨在紧靠缲线的外侧，这样撨线可不拆除		一般用于撨底边、撨止口、撨袖子和缝合较长或不规则部位的定位，也可用于防止移位，起固定作用

三、打线丁

打线丁是指用白棉纱线在衣片上做出缝制标记。

打线丁是用于高档服装制作工艺中做缝制标记的方法。打线丁的方法和撨针一样，分单针和双针两种，可用单线也可用双线，质地紧实的面料宜用单线。按面料松紧不同采用不同的针法，其好处是既能钉牢，又不产生针洞。

序号	工艺操作方法及要求	操作图示	在服装上的运用
1	将两层衣片上下摆齐，如果是条格面料，要对准条格，按照裁剪粉印垂直下针，扎穿下层，挑一长一短针或一长二短针		
2	先将长针距线剪断，再把叠合的衣片线丁处缝线拉松 0.6cm 左右，用剪刀刃将夹层中间的缝线剪断，使上下两层衣片分离，并使两层衣片都有对称的缝制标记	a) b)	一般用于高档服装制作工艺中做缝制标记
3	剪线时剪刀要握平，防止剪破衣片。衣料反面的线丁如过长应剪短，并用手掌按一下线丁，可防止线丁脱落		

四、缲针

缲针分明缲针和暗缲针。明缲针是缝线略露在外面的针法；暗缲针是线缝在底边缝口内的针法。

明缲针可平缲，也可将相缝合的边缘竖起来进行缲针，衣片面、里均可露出细小针迹。

序号	工艺操作方法及要求	操作图示	在服装上的运用
1	明缲针:正面只能缲1根或2根纱丝，不可有明显针迹。缝线松紧适宜，针距0.3cm左右	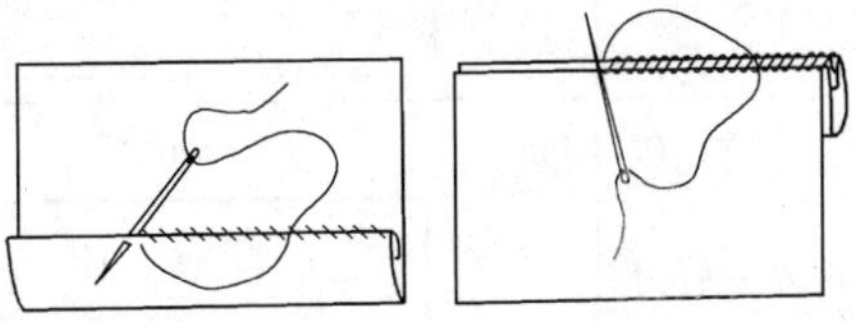	一般用于中西式服装的底边、袖口、袖窿、领里、裤底、膝盖绸等
2	暗缲针:衣片正面只能缲1根或2根纱丝，不可有明显针迹。夹里底边和贴边都不露针迹，线缝在折边内。缝线略松，针距0.5cm左右	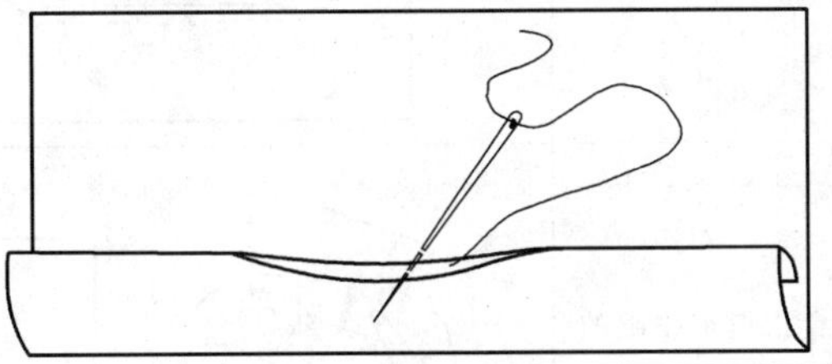	一般用于西服夹里的底边、袖口、毛呢服装底边的滚条贴边等

五、三角针

三角针用于拷边后固定贴边，也可用于装饰。

序号	工艺操作方法及要求	操作图示	在服装上的运用
1	针法从左上到右下，里外交叉	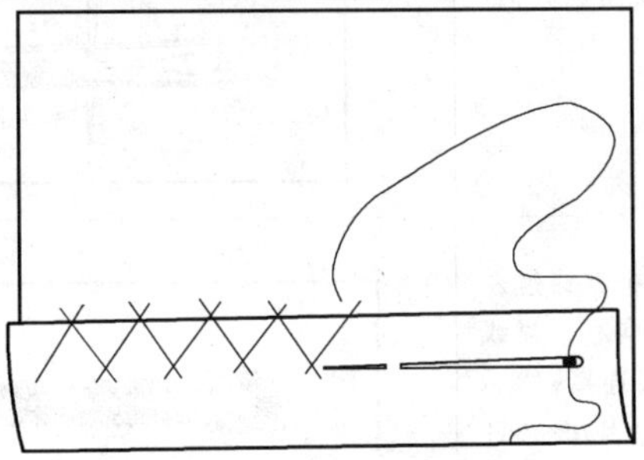	
2	上针缝在面料反面，离贴边边沿0.1cm，只能缝1根或2根纱丝，正面不能露针迹。下针缝在贴边正面，离贴边边沿0.5cm处。针距0.8cm左右，缝线不松不紧，针迹呈V形		一般用于西裤扦裤脚等

六、锁扣眼

扣眼的毛边应用线锁光。锁扣眼分锁圆头扣眼和锁平头扣眼两种。

（1）圆形扣扣眼大小为直径加放纽扣厚度，方形扣扣眼大小为纽扣对角线加放纽扣厚度，厚度大小可根据面料弹性适当加减。

（2）平头扣眼不用剪圆头，不要打衬线，头尾两端都封口。其余锁法与锁圆头扣眼相同。平头扣眼一般用于锁衬衫和内衣的扣眼。

序号	工艺操作方法及要求	操作图示	在服装上的运用
1	画扣眼:按照纽扣的直径及厚度画好扣眼的大小	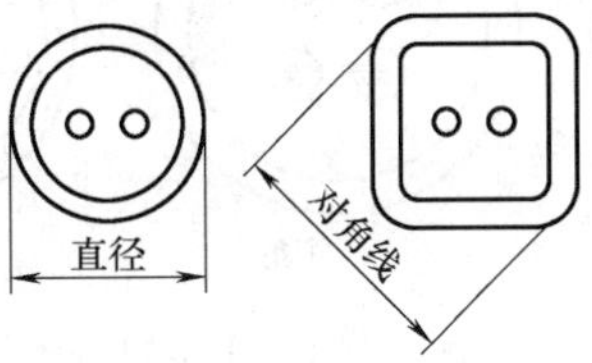 直径　对角线	一般用于锁裤子和外衣的扣眼

（续）

序号	工艺操作方法及要求	操 作 图 示	在服装上的运用
2	剪扣眼:按照画样沿着中间剪开 0.6cm,再沿线剪至两端,在纽头部位剪成 0.2cm 的圆圈形	方纽扣对角线加纽扣厚度 圆纽扣直径加纽扣厚度 0.2 0.2	
3	在扣眼周围 0.3cm 左右打衬线,衬线松紧适宜		
4	左手拇指和食指捏牢扣眼的左边,并将扣眼微撑开,针从底下的衬线旁穿出,将针尾后的线绕过针的左下方,抽出针,向右上方倾斜 45°角拉紧、拉整齐。由里向外,自下而上,从左到右锁,针距 0.15cm。锁圆头时,针距适当放大		一般用于锁裤子和外衣的扣眼
5	锁到扣眼尾端时,把针穿过左面第一针锁线圈内,向右边衬线旁穿出,使尾端锁线连接,然后从扣眼中间空隙处穿出,缝两针固定缝线,在反面打结		

七、钉纽扣

钉纽扣指把纽扣钉在纽位上。钉纽扣有钉实用纽扣和钉装饰纽扣两种。

（1）钉纽扣的钉线可用单线，也可用双线。两孔纽扣的缝线只能钉成"一"字形；四孔纽扣的缝线大多钉成平行"二"字形、交叉"X"形或"口"字形。

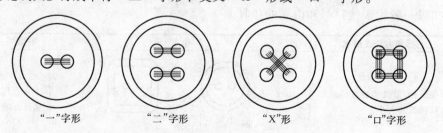

"一"字形　　　"二"字形　　　"X"形　　　"口"字形

（2）钉装饰扣时，一般不绕扣脚，只要钉牢便可。

序号	工艺操作方法及要求	操作图示	在服装上的运用
1	先将纽扣用线缝住,再从面料正面起针,也可直接从面料正面起针,对穿缝针。缝线底脚要小,线要松,便于绕脚,绕脚的高度根据衣料的厚度决定	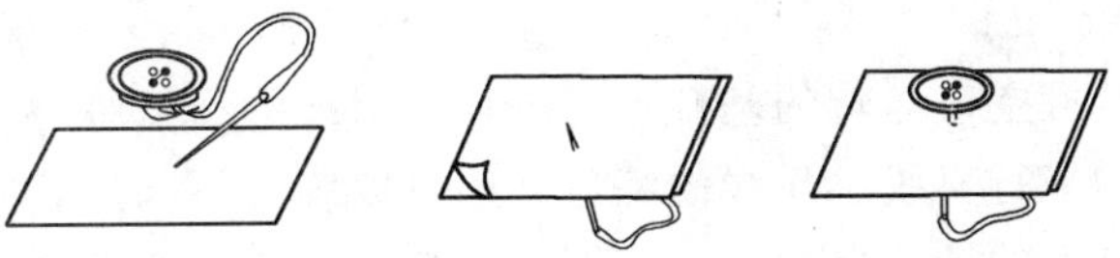 (1) (2) (3)	一般用于服装上使用的纽扣
2	最后一针从纽孔穿出时,缝线应自上而下绕满纽脚,然后将线引到反面打结	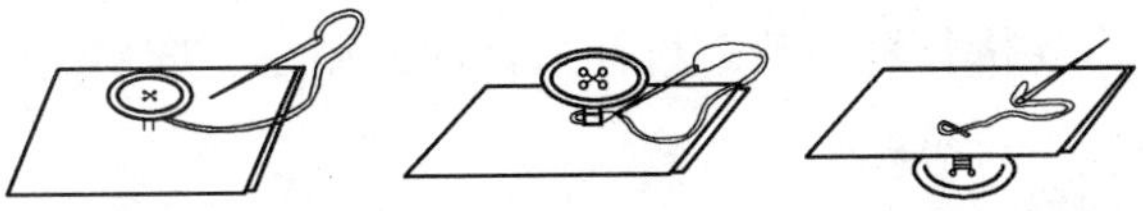 (4) (5) (6)	
3	如果衣料比较厚的,在钉纽扣时可在反面垫上衬垫纽扣,上下纽扣针形要相同,以增加牢度	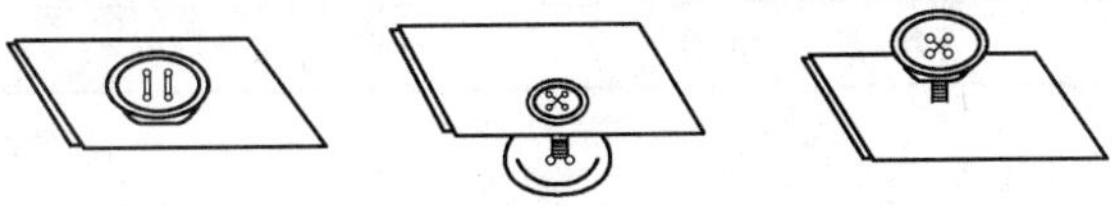 (7) (8) (9)	

练一练

运用所学手缝针法制作一件作品:美丽的校园——我爱我的专业。

要求:

(1) 所设计的项目规格、用料要适宜,搭配恰当,体现针法明确、到位。

(2) 用书面材料说明设计构思及效果。

任务二 机 缝

任务描述

使用缝纫机缝制服装,不但速度快,而且针迹整齐、美观。使用电动缝纫机,它的离合转动很灵敏,通过脚踏用力的大小就可以随意调整缝纫机的速度,所以要掌握车速就要加强脚控离合器的练习。为了能够做到随意控制转速快慢,使机器正常运转,各种针迹符合工艺要求,初学者应该先进行空车缉纸训练。在空车缉纸比较熟练的基础上,再做引线缉布练习,学习各种缝制方法。达到能掌握缝料走向,缝直线针迹顺直,沿边缉线针迹匀直,缉弧线针迹圆顺无棱角,缉转角线针迹方正无缺口等要求后,方可进入产品缝制训练。

任务准备

1. 空车运转训练

空车运转前应扳起压紧杆扳手,避免压脚与送布牙相互磨损。然后坐正,把双脚放在缝纫机的踏板上，踏动缝纫机踏板，进行慢转、快转和随意停转的空车练习，直到操作自如。

2. 空车缉纸训练

在较好地掌握空车运转的基础上，进行不引线的缉纸练习。先缉直线，后缉弧线，然后进行不同距离的平行直线、弧线的练习，还可以练习不同形状的几何图形。使手、脚、眼协调配合，做到纸上的针孔整齐，直线不弯，弧线圆顺，短针迹或转弯时针孔不出头。

3. 针线的选用

机针型号规格有 9 号、11 号、14 号、16 号、18 号，号码越小针身越细；号码越大针身越粗。机针的所有规格长短一致。机针选择的原则是，缝料越厚越硬，机针越粗；缝料越薄越软，机针越细。

机针型号与用途

机针型号	9	11	14	16	18
用途	薄料：丝绸、纱类		中厚料：棉及混纺	厚料：牛仔布及粗呢料	

4. 针迹、针距的调整

针迹清晰、整齐，针距密度合适都是衡量缝纫质量的重要方面。针迹的调节一般是靠旋紧或旋松面线的夹线弹簧螺钉，有时也会调节放低线梭芯外梭子上梭皮的松紧，使底面线松紧适度。针迹调节也必须按衣料的厚薄、松紧及软硬合理进行。缝薄、松、软的衣料时，底面线都应适当放松，压脚压力要减小，送布牙也应适当放低，这样缝纫时可避免皱缩现象。表面起绒的衣料，为使线迹清晰，可以略将面线放松。卷缉贴边时，因是反缉，可将底线略放松。缝厚、紧、硬的衣料时，底面线应适当紧些，压脚压力要加大，送布牙应适当抬高，以便送布。

机缝前必须先将针距调好。缝纫针距要适当，针距过稀不美观，而且影响成衣牢度。针距过密也不好看，而且易损伤衣料。一般情况下，薄料、精纺料 3cm 长度为 14～18 针，厚料、粗纺料 3cm 长度为 8～12 针。

5. 机针的操作要领

（1）在衣片缝合无特殊要求的情况下，机缝时一般都要保持上下松紧一致，上下衣片的缝份宽窄一致。但是由于缝纫时，下层衣片受到送布牙的直接推送作用走得较快，而上层衣片受到压脚的阻力和送布牙的间接推送而走得较慢，往往衣片缝合后会产生上层长、下层短，或缝合的衣缝有松紧、皱缩等现象。所以针对机缝这一特点，应采取相应的操作方法，在开始缝合时就要注意手势，左手往前稍推送上层衣片，右手把下层衣片稍拉紧。有的机缝不宜用手拉松紧，可借助镊子钳来控制松紧。这样才能使上下衣片始终保持松紧一致，长短一致，不起涟形。这是机缝中最基本的操作要领。

（2）机缝的起落针可根据需要缉倒回针或打线结收牢，机缝断线一般可以重叠接线，但倒回针或断线接线均不能出现双轨。

（3）各种机缝缝型沿缝分开或沿缝坐倒或翻转，如无特殊要求均要沿缝分足，不要有虚缝。

（4）在卷边缝、压止口和各种包缝的第二道缉线上也要注意上下层的松紧一致。如果上下层缝料错位、丝缕不正时，虽然不会形成长短不齐，但会形成斜纹的涟形。

任务实施

一、平缝

工艺操作方法及要求	操 作 图 示	在服装上的运用
把两层衣片正面相叠,沿着所留缝头进行缝合,一般缝头宽为1cm左右	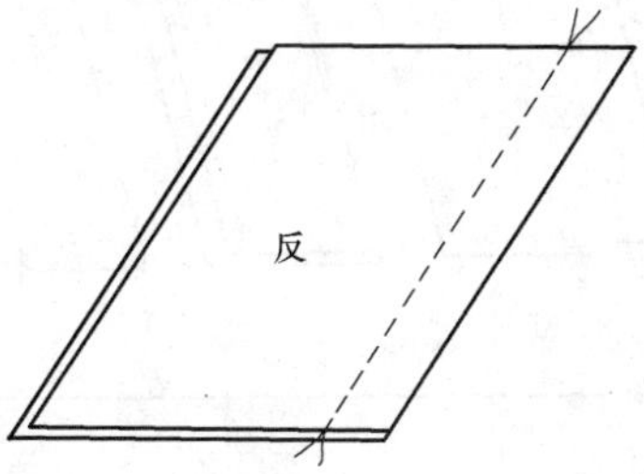 反	平缝用于衣片的拼接

二、分缝

工艺操作方法及要求	操 作 图 示	在服装上的运用
两层衣片平缝后,毛缝向两边分开	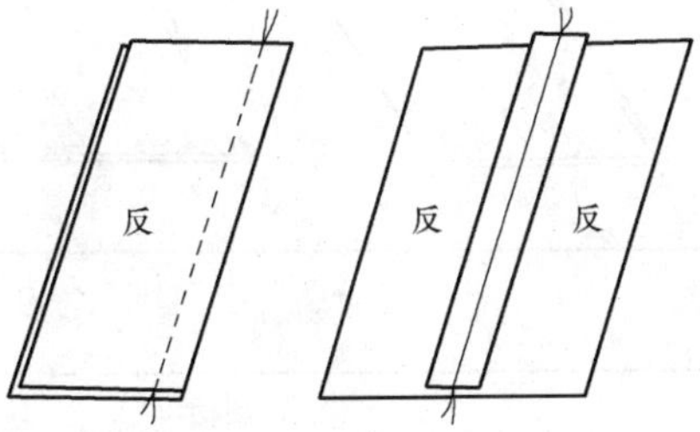 反　　　反　　反	分缝用于衣片的拼接部位

三、分缉缝

工艺操作方法及要求	操 作 图 示	在服装上的运用
两层衣片平缝后分缝,在衣片正面两边各压缉一道明线	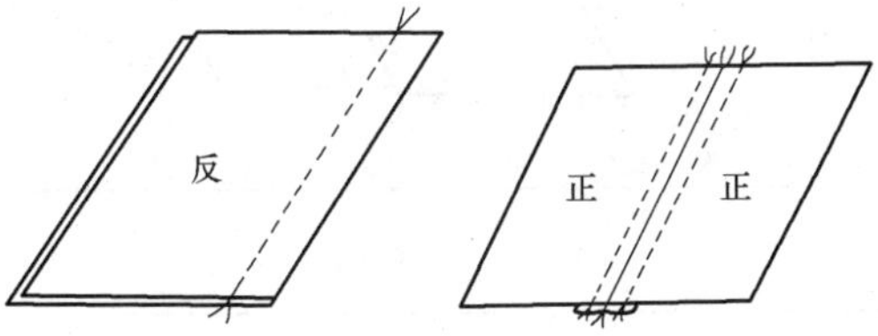 反　　　正　　正	分缉缝用于衣片拼接部位的装饰和加固作用

四、坐倒缝

工艺操作方法及要求	操 作 图 示	在服装上的运用
两层衣片平缝后,毛缝单边坐倒	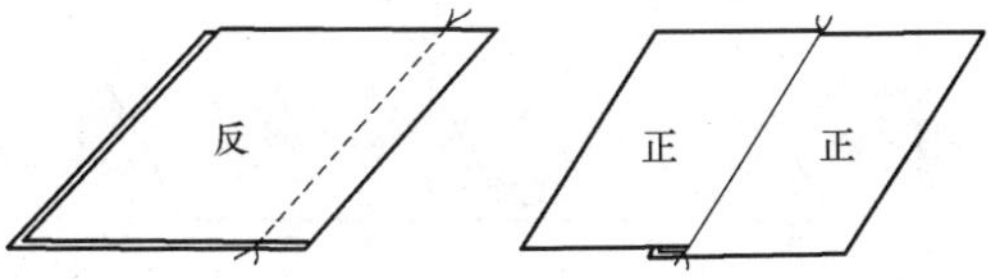 反　　　正　　正	坐倒缝用于夹里与衬布的拼接部位

五、坐缉缝

工艺操作方法及要求	操作图示	在服装上的运用
两层衣片平缝后,毛缝单边坐倒,正面压缉一道明线,如图 a。也有为减少拼接厚度,平缝时放大小缝,即下层衣片缝头多放出0.4～0.6cm,平缝后毛缝朝小缝方向坐倒,正面压缉一道明线,使小缝包在大缝内,如图 b。	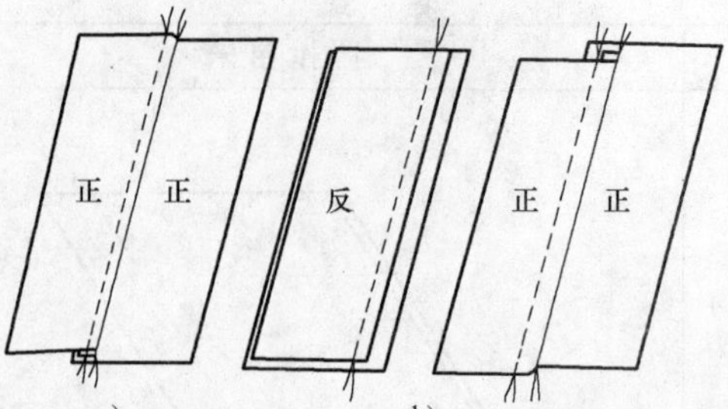 　正　正　　反　　正　正 　　　a)　　　　b)	坐缉缝用于衣片拼接部位的装饰和加固作用

六、分坐缉缝

工艺操作方法及要求	操作图示	在服装上的运用
两层衣片平缝后,一层毛缝坐倒,缝口分开,在分坐缝上压缉一道线	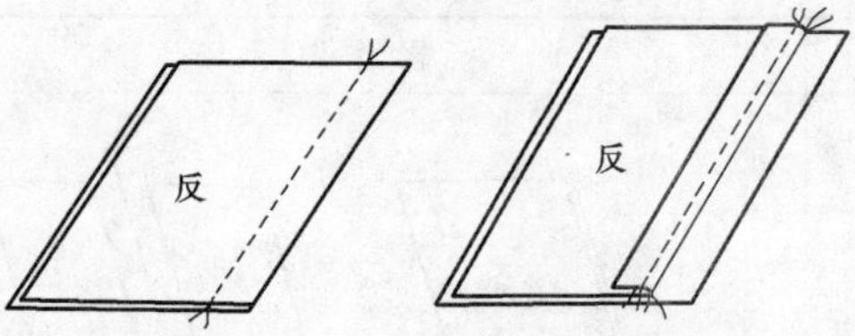 　反　　　　反	分坐缉缝起加固作用,如裤子后裆缝等

七、搭缝

工艺操作方法及要求	操作图示	在服装上的运用
两层衣片缝头相搭1cm,居中缉一道线,使缝子平薄、不起梗	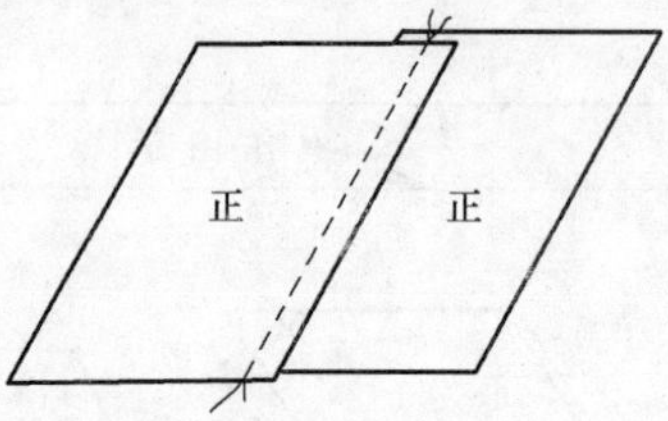 　正　　　　正	搭缝用于衬布和某些需拼接又不显露在外面的部位

八、对拼缝

工艺操作方法及要求	操作图示	在服装上的运用
两层衣片不重叠,对拢后用 Z 形线迹来回缝缉,此缝比搭缝更平薄	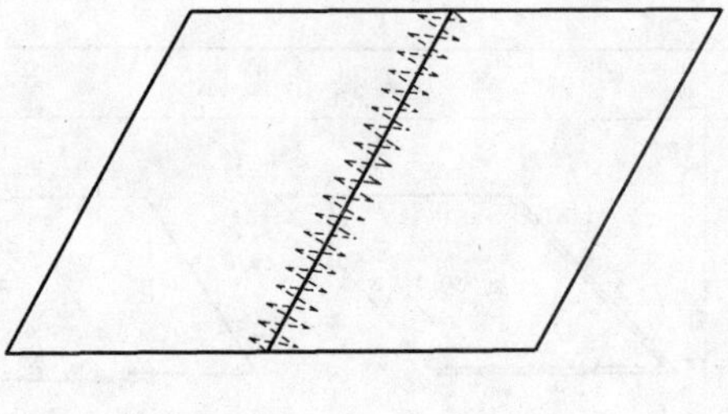	对拼缝用于衬布的拼接

九、压缉缝

工艺操作方法及要求	操 作 图 示	在服装上的运用
上层衣片缝头折光,盖往下层衣片缝头或对准下层衣片应缝的位置,正面压缉一道明线	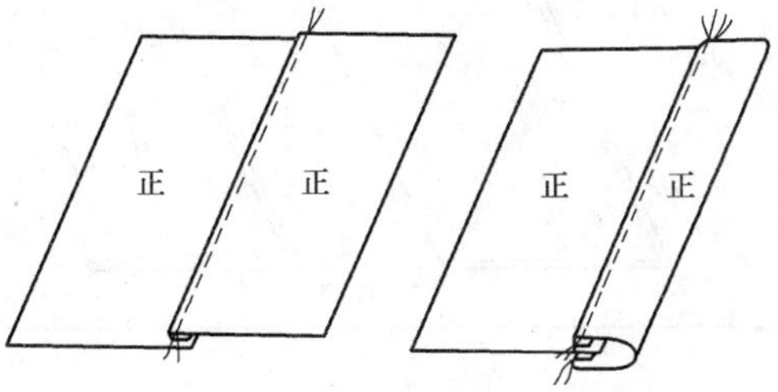 正　正　　　正　正	压缉缝用于装袖衩、袖克夫、领头、裤腰、贴袋或拼接等

十、贴边缝

工艺操作方法及要求	操 作 图 示	在服装上的运用
衣片反面朝上,把缝头折光后再折转一定要求的宽度,沿贴边的边缘缉 0.1cm 清止口。注意上下层松紧一致,防止起涟	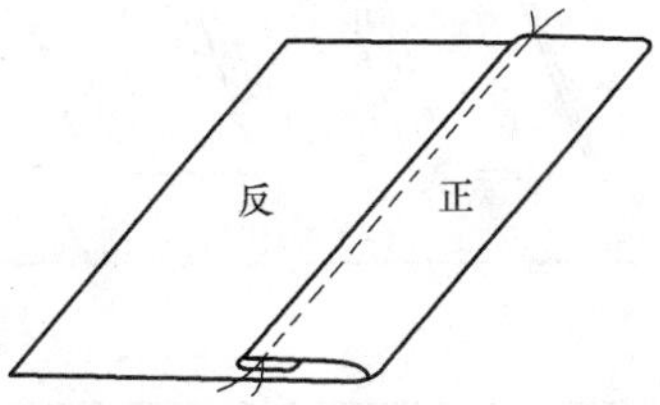 反　正	贴边缝用于衬衫的底边

十一、包边缝

工艺操作方法及要求	操 作 图 示	在服装上的运用
把包边缝面料两边折光,折烫成两层,下层略宽于上层,把衣片夹在中间,沿上层边缘缉 0.1cm 清止口,把上、中、下三层一起缝牢	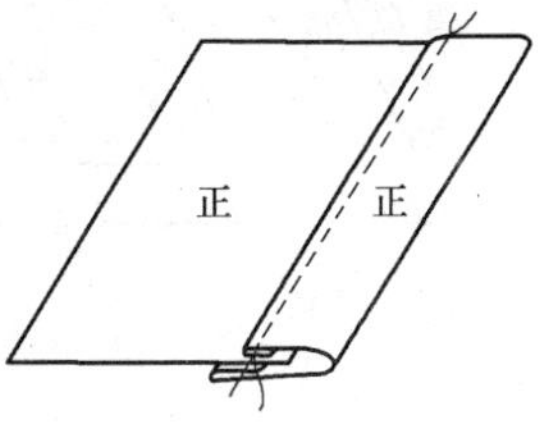 正　正	包边缝用于装袖衩、裤腰等

十二、别落缝和漏落缝

工艺操作方法及要求	操 作 图 示	在服装上的运用
别落缝是明线缉在坐倒缝旁,漏落缝是明线缉在分缝中	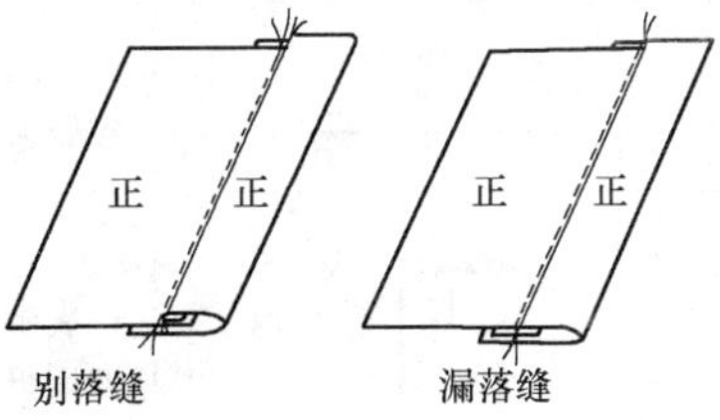 正　正　　　正　正 别落缝　　　漏落缝	别落缝和漏落缝用于装裤腰、固定嵌线等

十三、来去缝

工艺操作方法及要求	操 作 图 示	在服装上的运用
两层衣片反面相叠,平缝 0.3cm缝头后把毛丝修齐,翻转后,正面相叠合缉 0.5cm~0.6cm,把第一道毛缝包在里面	正　　反	来去缝用于薄料衬衣、衬裤等

十四、明包缝

工艺操作方法及要求	操 作 图 示	在服装上的运用
明包明缉呈双线。两层衣片反面相叠,下层衣片缝头放出 0.8cm包转,为使包转平薄,包转缝头缉住0.1cm,再把包缝向上层衣片正面坐倒,缉0.1cm清止口,注意反面缝道要分足,无虚缝	正　正　　正　正	明包缝用于男两用衫、夹克衫等

十五、暗包缝

工艺操作方法及要求	操 作 图 示	在服装上的运用
暗包明缉呈单线,两层衣片正面相叠,下层衣片缝头放出 0.6cm包转,为使包缝平薄,包转缝头缉住0.1cm,再把包缝向上层衣片反面坐倒,注意正面缝道要分足,无虚缝,在靠包缝一边正面缉0.4cm单止口	反　反　　正　　正	暗包缝用于夹克衫、平脚裤等

🎗知识链接

服装缝纫符号及缝制说明

序号	名称	缝纫符号	缝 制 说 明
1	明线	------------	表示衣服表面缉缝单道缝线的标记,实线表示衣服某部位的轮廓线,虚线表示缉缝线迹
2	双明线	------------	表示衣取表面缉缝双道缝线的标记,实际表示衣服某部位的轮廓线,虚线表示缉缝线迹
3	褶裥		表示衣片需要折叠进去的部分,斜线方向表示褶裥折叠方向

（续）

序号	名称	缝纫符号	缝 制 说 明
4	暗裥	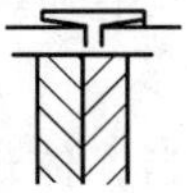	裥底在下的褶裥
5	明裥		裥底在上的褶裥
6	碎褶	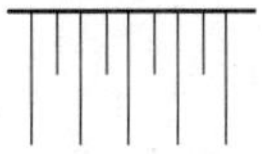	表示衣片需要缉缝成细小褶的部位
7	省	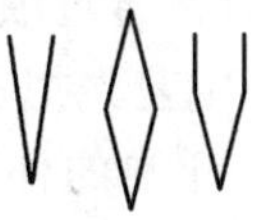	表示衣片需要收取省道的形状与位置
8	塔克线	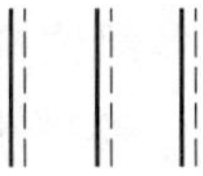	表示衣片需要缉塔克的标记,图中实线表示塔克梗起部分,虚线表示缉明线的线迹
9	司马克	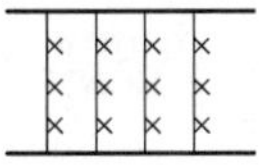	表示衣片需要编结司马克的位置
10	罗纹	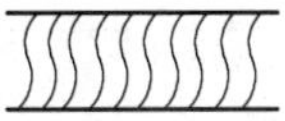	表示服装下摆、袖口等部位装罗纹的位置
11	橡筋	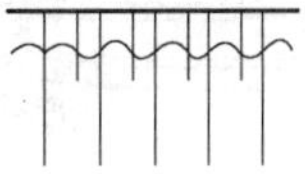	表示服装下摆、袖口等部位装橡筋的位置
12	扣眼		表示衣服扣眼位置和大小的标记
13	扣位		表示衣服钉纽扣位置的标记
14	眼刀		表示相关衣片某部位为缝制时需要对位所要做出的对刀标记,开口一侧在衣片的轮廓线上

练一练

运用所学机缝制作购物袋、工具包、围裙、鞋垫等。

要求：

（1）所设计项目规格、用料要适宜，搭配恰当，体现机缝明确、到位。

（2）用书面材料说明设计构思及效果。

任务三　熨　　烫

任务描述

熨烫是服装缝制工艺中的重要组成部分，服装行业常用"三分缝七分烫"来强调熨烫的重要性。熨烫贯穿于缝制工艺的始终。裁剪前，通过喷水熨烫或盖湿布熨烫，使衣料缩水，烫平皱褶，以便于画线裁剪。缝制前，高档工艺先把衣片热塑变形，即服装行业所谓的"推、归、拔"工艺。利用纤维的可塑性，改变纤维的伸缩度与织物经纬组织的密度和方向，塑造服装的立体造型，以适用于人体体型和活动的需要，弥补尺寸的不足，使服装达到外形美观、穿着舒服的目的。在缝制过程中，很多部位都需要边熨烫边缝制。由于熨烫的辅助，既方便了操作，又提高了质量。缝制完成后，对整件衣服的熨烫称为整烫。通过热定型处理，使服装平挺、整齐、美观。

任务准备

一、熨烫工具及使用

熨烫工具	图　　示	使　用　说　明
电熨斗		目前常用的电熨斗既能控温，又有蒸汽，还能喷水，操作方便，熨烫效果好。常用的电熨斗功率有500 W、700 W、1000 W 等，功率小的适用于熨烫薄料服装，功率大的适用于厚料服装。使用时必须注意电熨斗的温度
喷水壶	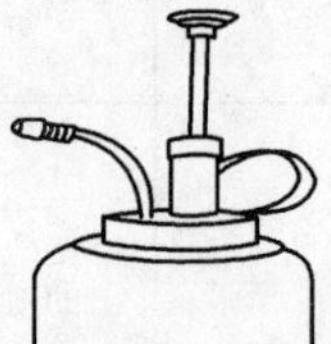	能使水均匀地成雾状散开，喷洒在需要熨烫的部位，使熨烫的效果更佳

（续）

熨烫工具	图 示	使 用 说 明
铁凳		用铁制成,凳面铺棉花,外包白棉布扎紧。用于熨烫呈弧形或不能放平的部位。如肩缝,袖山头,西裤的裆、裆缝等
布馒头		用于熨烫衣服上的胖势和弯势等部位,如袋位、驳头、领头、胸部等
长烫凳		用木料制成,上层板面上铺少许棉花,中央稍厚,四周略薄,用白布包紧。用于女裙的褶裥、裤子侧袋缝、袖缝等
弓形烫板		用木料锯成,两头低,中间拱起成弓形,底面为平面。用于垫烫半成品的袖缝和其他一些弧形缝

二、熨烫定型五要素

要 素	要 素 说 明
熨烫温度	使织物变得柔软,能使织物按要求变形
熨烫湿度	使织物的可塑性增强,柔软易变形
熨烫压力	使织物变形
熨烫时间	使织物受热达到其变形要求并不还原
熨烫后的冷却	温度、湿度、压力、时间等条件使织物达到预期的变形,这种变形是在冷却后实现的

三、熨烫的基本要领

1. 正确掌握熨烫温度

（1）织物耐热范围

织物名称	耐热范围/ ℃	原位熨烫时间/s
麻	180 ~ 200	4 ~ 6
棉	150 ~ 170	3 ~ 5
毛	150 ~ 170	3 ~ 5
真丝	110 ~ 130	3 ~ 4
人造丝	110 ~ 140	3 ~ 4
尼龙丝	90 ~ 100	2 ~ 3
合成纤维	130 ~ 150	3 ~ 4

（2）控制熨斗温度：

熨斗温度/℃	<100	100～120	120～140	140～170	170～200	>200
水滴声音	无声	长的"哧哧"声	略短"哧"声	短的"扑哧"声	短促的"扑哧"声	极短促的"扑哧"声或无声
水滴形状	水滴不易散开	水滴散开，周围起水泡	水滴扩散成小水珠	水滴迅速扩散成小水珠	水滴散开，蒸发成水汽	水滴迅速蒸发成水汽消失
图示	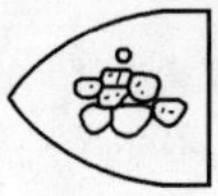	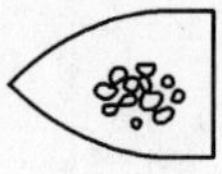	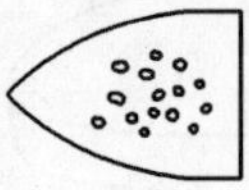	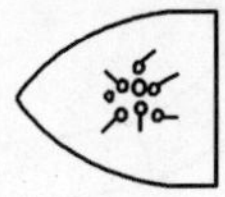	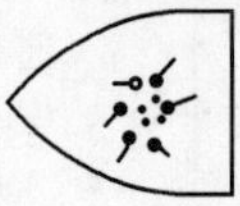	

2. 正确掌握电熨斗各部位的应用

平整的大面积部位可以用熨斗中间和后座力量较大的部位去熨烫；有窝势的部位则要用熨斗左侧、右侧或熨斗尖熨烫。不能将熨斗全部盖没熨烫部位，否则，会把形成的窝势烫平消失。有些不能放平的部位，如：袖窿、领圈等边沿，也要用熨斗的左侧或右侧并配合使用布馒头、铁凳等熨烫工具辅助熨烫。

3. 熨烫的基本操作方法

（1）熨烫方式有干烫、湿烫、盖布干烫、盖布湿烫等。

（2）熨烫尽可能在衣料的反面进行。

（3）熨烫时根据不同需要，借助熨烫工具以体现熨烫的外观效果。

（4）熨烫时一般用左手按住被熨烫物，右手握住熨斗，注意不要破坏衣料的经、纬丝缕。

任务实施

几种基本的熨烫技法

熨烫名称	操作图示	应用部位
平烫分缝：左手边把缝头分开、边后退，熨斗向前烫平，达到不伸、不缩、平挺的要求		用于分缝部位
拔烫分缝：左手拉住缝头，熨斗往返用力烫，使分缝伸长而不起吊	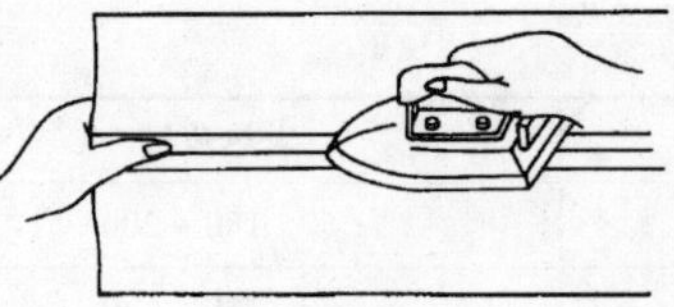	用于熨烫衣服拔开的部位，如袖底缝、裤子下挡缝
归烫分缝：左手按住熨斗前方的衣缝略向熨斗推送，熨斗前进时稍提起熨斗前部，用力压烫，防止衣缝拉宽、斜丝伸长	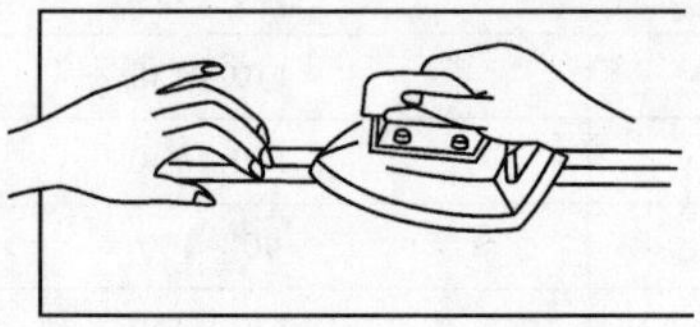	用于熨烫衣服斜丝和归拢的部位，如喇叭裙拼缝、袖背缝等

（续）

熨烫名称		操作图示	应用部位
烫扣缝	直扣缝:左手把需扣烫的衣缝边折转边后退,同时熨斗尖跟着折转的缝头向前移动,然后熨斗底部稍用力来回熨烫	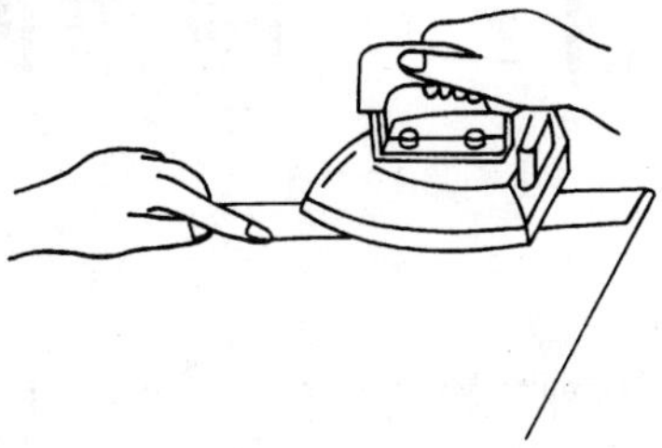	用于烫裤腰、贴边、夹里摆缝等需折转定型
	弧形扣缝:左手按住缝头,右手熨斗尖先在折转缝头处熨烫,熨斗右侧再压住贴边上口,使上口弧形归缩	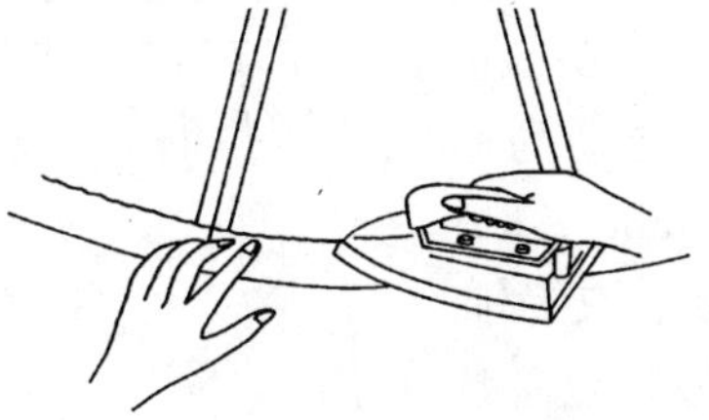	用于烫衣裙下摆
	圆形扣缝:先在圆形周围长针脚车缉一道线,然后把线抽紧,使圆角收拢,缝头自然折转,扣烫时用熨斗尖的侧面,把圆角处的缝头逐渐往里归拢	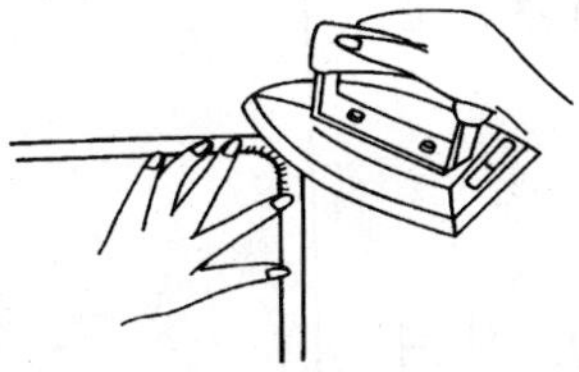	用于烫圆角贴袋
平烫:沿衣料的经向,有规律的移动,用力要均匀,不要使衣料拉长或归拢			用于一般部位的平烫
推、归、拔熨烫:使织物热塑变形的熨烫工艺。推,就是推移,把衣片的胖势推向预定的方向;归,就是归拢、缩短;拔,就是拔开,伸长		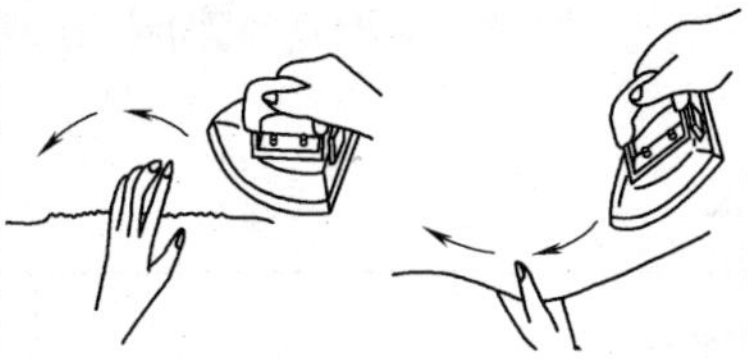	臀部的侧缝;腰节、裤片的中档

练一练

制作购物袋、围裙。

要求:

（1）所设计项目要有直缝、弧缝、圆形扣缝。

（2）运用所学熨烫知识将作品熨烫平服。

（3）用书面材料说明操作方法。

项目二　制作西服裙

项目描述

裙子是妇女服装的典型品种，特别是在流行时装中，它的使用价值就更高了。所谓裙子，是一种围在腰部以下的服装，故裙子的造型不仅要体现出人体美，更重要的是必须要适合下肢活动的需要。西服裙（barrel skirt, tube skirt）是裙子中的一种典型款式，又称筒裙、直裙或直筒裙。其造型特点是从合体的臀部开始，侧缝自然垂落，呈筒、管状。

西服裙款式图

项目分析

西服裙的制作工艺流程为人体测量、临摹款式图、裁剪、制作、整烫、成品检验6个流程。

1. 选择面料

一般裙装用料多为具有热塑性的涤纶混纺织物或薄型毛料等，时装化的还可选择变化多样的混纺及化纤面料。

2. 参考成品规格尺寸表

规格 部位	160/84A	165/88A	170/92A	175/96A
裙长	62	64	66	68
腰围	62	64	66	68
臀围	92	96	100	104
臀高	18	18	18	18

3. 实训设备

电动缝纫机、电动锁边机、电熨斗。

项目实施

任务一　人体测量

1. 测量工具

软尺，每位学生一根。

2. 测量的部位及要求

序号	部位	测 量 图 示	测 量 要 求
1	裙长		从腰口量至裙长或根据造型需要而定；裙的长短差异较大，考虑到人体下肢活动的需要，开衩的位置高低也有所不同
2	腰围	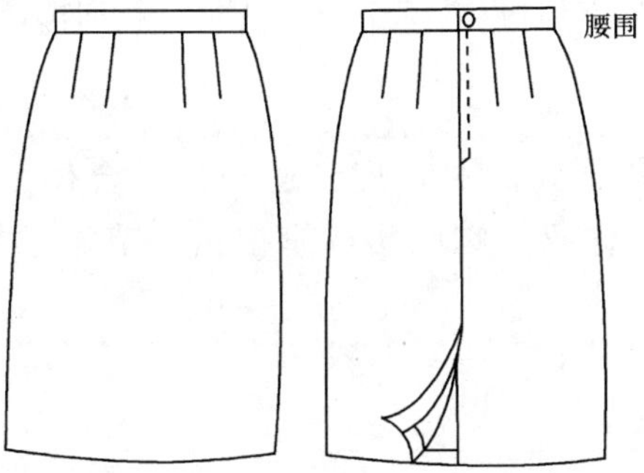	在腰部最细处水平围量一周，或量裙腰一周
3	臀围	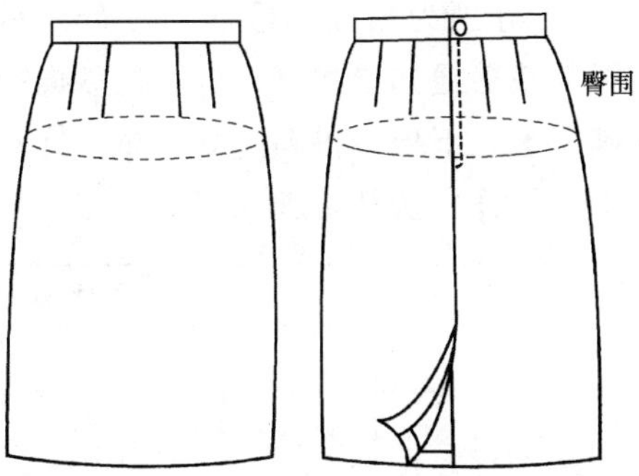	在臀部丰满处水平围量一周，加放 4～6cm
4	臀高		17～18cm

3. 测量数据记录表

姓　名	部位	裙长	腰围	臀围	臀高
×××	规格				

🎈**知识链接**

裙装部位、部件名称术语

（1）裙腰　指与裙身上口缝合的部件。

（2）腰上口　腰上部边沿部位。

（3）裙腰省　裙前后片为了符合人体曲线而设计的省道，省尖指向人体的突起部位，前片为小腹，后片为臀大肌。

（4）裙裥　裙前片在裁片上预留出的宽松量，通常经熨烫定出裥形，在装饰的同时增加可运动松量。

（5）腰缝　指腰上口或裙身上口缝合后的缝。

任务二　临摹款式图

临摹各种类型的裙子款式图，最终能独立绘制西服裙的款式图。

要求：绘制的款式图各部位比例正确，符合设计基本要素。正、背面的图示足以体现客户的要求。

温馨提示　在绘制款式图时应注意各款式的放松度：适身型、合体型、宽松型；腰位：高腰、低腰、中腰；裙长：迷你裙、喇叭裙、旗袍裙、节裙、拼接裙、鱼尾裙等。

任务三　裁　剪

西服裙的铺料与裁剪工艺共有 7 道工序，分别为划板、检验、拉布、割刀、裁衬、压衬、锁边。裁剪过程中要求核实样板数是否与裁剪通知单相符；各部位纱向按样板所示；各部位钉眼、剪口按样板所示；钉眼位置准确，上、下层不得超过 0.2cm；打号清晰，位置适宜，成品不得漏号。具体制作工序、制作工艺操作方法及要求如下。

序号	工序	工艺操作方法与要求	质 量 标 准
1	划板	1. 首先看好计划单、工艺单,对样板,掌握门幅情况,选好布料 2. 按工艺要求看好面料正反面,划皮不得占用公差 3. 测量皮的拖长,超定额不准使用 4. 划皮有三个指导原则:一是准确性,即工艺准确、规格准确;二是合理性,即排板布局合理;三是节约性 5. 划皮时不能少片或零部件,划完后要自检	1. 有顺向的面料,每一件都要一致,有顺花的要一致,客户有要求的必须按客户要求去做 2. 划皮要求皮线清晰,编号清楚,皮面整洁,牙剪、省点要划准确

（续）

序号	工序	工艺操作方法与要求	质量标准
2	检验	1. 掌握工艺要求,看清工艺,核对样板与工艺规定 2. 根据毛片规格表测量规格,先大部件后小部件	1. 检查各部位件数,有无漏划 2. 按拉布单正对正对折幅宽使用,检查托长及两头端线 3. 凡不符合规格尺寸,排图不合理,部件或多或少,改线过多、乱、不清楚,退回划皮修改,严重的作为废皮处理
3	拉布	1. 根据拉布报告的要求,首先查清原料、面幅、色号、原料反正面、阴阳条格、层数、皮长 2. 对有绝对反正面或有阴阳条格的面料,要提前顺好 3. 拉料要求三面齐一面平,不允许自弯曲和出现人为的纬斜,格子面料要先裁毛然后挂针 4. 拉料操作时,冲头与压头人员动作要协调,配合要默契 5. 使用后的布头应整齐叠好并记好面料卡	1. 靠身布边齐、上下垂直,幅宽长度按要求,未经批准不许超出公差 2. 格料按照工艺拉布要求扎针、主条上下垂直 3. 条格料特别是无扎针部位的上下条格要垂直无歪斜
4	割刀	1. 首先查清拖料单标明的件数,要求查清每个部件的衔接,拉料是否合格 2. 所裁部位的刀路必须顺直,上下一致,左右顺好 3. 割刀的操作技巧在于用刀手法,刀路随排图的变化而变化,用刀手法及刀路要顺畅 4. 电刀要润滑正常,刀刃锋利,推刀刀路不要用力过大,若走刀速度超出刀刃的承受力会造成"拱料",将料割起来,出现偏刀或跑线 5. 割刀要遵循从右向左的拉刀方向,先外后内,先弧后直,先大身后部件的原则	第一层与最底层对比互差不大于±0.2 cm
5	裁衬	1. 通常粘腰衬 2. 划线不能跑样板,不得走样,裁衬时应走线里侧,将铅笔线割掉	用衬正确,丝缕正确,款式、型号正确,净衬、毛衬区分开
6	压衬	1. 根据所压部位和用衬的不同,调适出合适的温度、速度、压力 2. 根据不同面料、不同批次的衬布,生产前做实验,将压衬效果调至最佳方可进行生产,拉力不够或起泡不能进行生产 3. 接片时不能乱号、丢片,更不能将两个订单的衣片混接。 4. 保持压衬机周围及机器卫生,下班前半个小时提前降温,并用清洁粉将皮带擦拭干净 5. 待温度降至60~80℃之间时,方可关闭电源和气阀	1. 避免人为起泡,在压活前必须先用测温纸进行测温,温度稳定后方可进行生产 2. 根据不同面料、衬料,调出最佳粘合效果 3. 在压衬中,黑白面料要分开压,并且过1~2小时做一次实验,防止起泡现象发生 4. 客户有特殊要求的,以客户要求为准
7	锁边	锁前片边→锁后片边→锁零部件	1. 锁边数量准确,无遗漏,且裙片整洁,无污渍 2. 锁边无毛露,无卷边,无破损,针迹和针距符合要求 3. 前、后裙片除腰口外,其余三边均锁边。锁边时,面料正面朝上,前后片要对称锁,预防锁顺裙片 4. 里襟反面粘衬并对折,里口和下口双层一起锁边

19

任务四　样衣制作

样衣缝制工艺共有4道工序，分别为收前、后片省和合后中缝；装拉链、做后开衩、合侧缝；做腰头；装腰头。缝制过程中要求各部位缝制线路整齐、牢固、平服；上下线松紧适宜，无跳线、断线，起落针处应有回针；锁眼定位准确，大小适宜，两头封口；开眼无绽线；商标位置端正。号型标志、成分含量标志、洗涤标志准确清晰，位置端正；成品中不得含有金属针。具体制作工序、制作工艺操作方法及要求如下。

一、收前片省，收后片省，合后中缝

序号	工艺操作方法及要求	操作图示	质量标准
1	1. 收省时，由省根缉至省尖，省要缉直、缉尖，省长和省大要符合规格，省缝向后中缝坐倒 2. 合后中缝：左、右后裙片正面相对，从拉链止口开始，按预留缝份缉合后中缝至开衩止点处放来回针 3. 将裙片缝头分开，盖水布烫平开衩处，然后再将省缝向后中烫倒	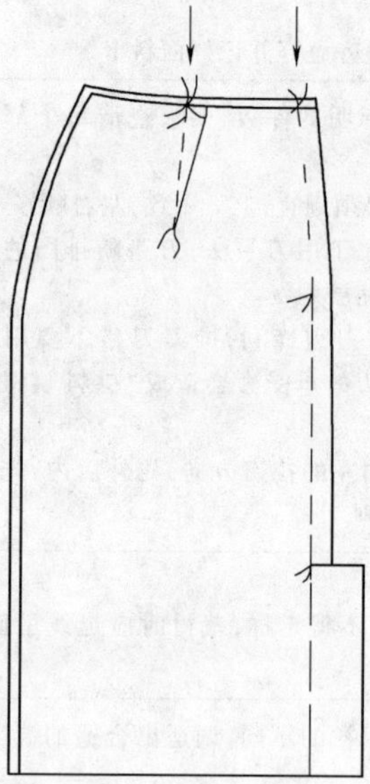	1. 收省平服，缉线顺直 2. 合后中缝缉线平服，缝头大小一致 3. 省尖的胖势要烫散。

二、装拉链、做后开衩、合侧缝

序号	工艺操作方法及要求	操作图示	质量标准
1	固定拉链：将拉链固定在里襟上		缉线顺直，松紧适宜

（续）

序号	工艺操作方法及要求	操作图示	质量标准
2	装左后片拉链:将后片缝头折转,离开拉链中心 0.4～0.5cm,压缉 0.1cm 止口	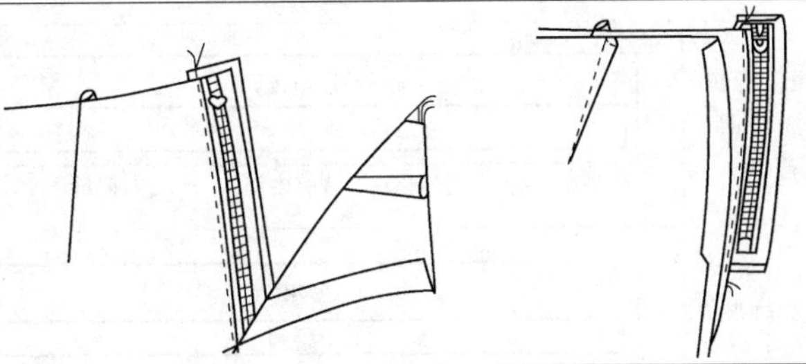	1. 装拉链平服,缉线顺直 2. 装拉链无吐止口现象
3	装右后片拉链:拉链合上,里襟向左折转,右片按缝头折转后与左片放平对齐,止口并拢,盖过拉链,压缉 0.8～1cm 止口,也可以用隐形拉链	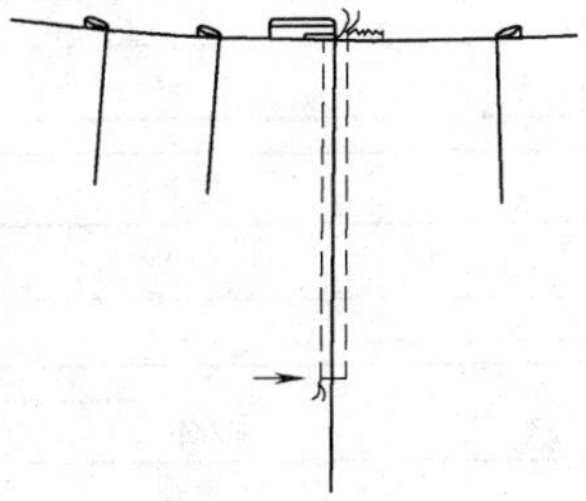	1. 装拉链平服,无歪斜 2. 缉线顺直
4	封口:里襟放平,下端缉来回针 4～5 道封口	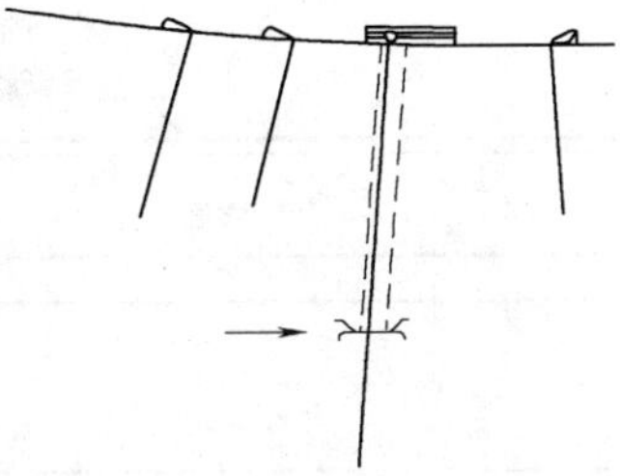	封口牢固、平服
5	做里襟开衩:将里襟衩缝份拐角处打一剪口,深度离缝线 0.1～0.2cm。然后将里襟底边缉合,里襟上口勾合 0.2cm 后翻转到正面(后开衩也可以右压左)	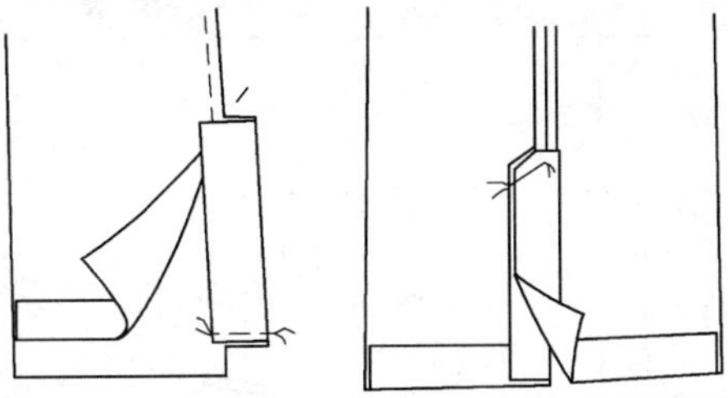	门里襟平服,不可吊紧,剪口不可毛露
6	做门襟开衩:将门襟开衩底边处缉合,然后翻转烫平开衩	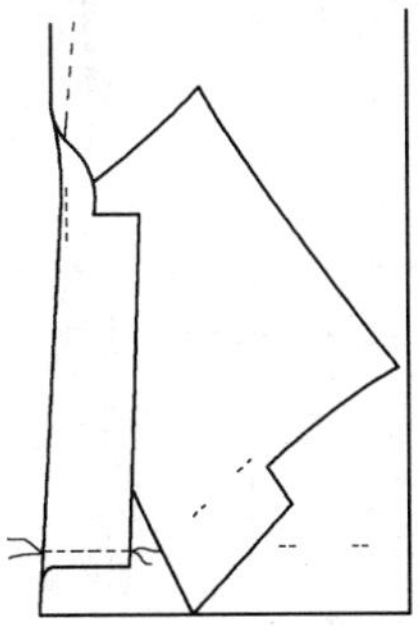	转角方正,自然窝服
7	合侧缝:前后片正面相对,侧缝对齐沿缝头缉合后,然后熨烫侧缝,缝份要分开烫煞,没有虚缝		合侧缝平服,缝份大小一致

三、做腰头

序号	工艺操作方法及要求	操作图示	质量标准
1	粘腰衬,做标记:将树脂净腰衬粘在腰面反面,并在下口做出标记	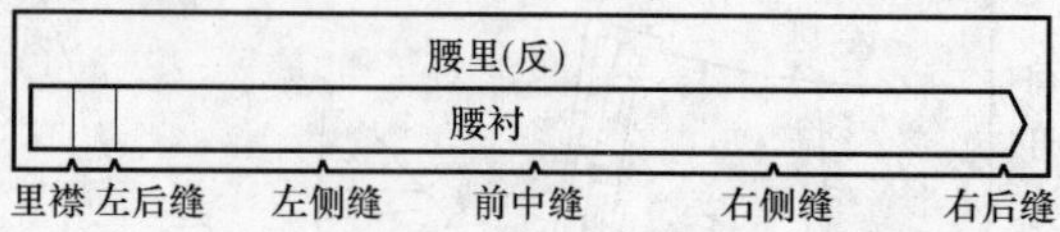 腰里(反) 腰衬 里襟左后缝　左侧缝　前中缝　右侧缝　右后缝	
2	扣转腰面下口:沿腰衬将腰面下口扣转包紧,烫平	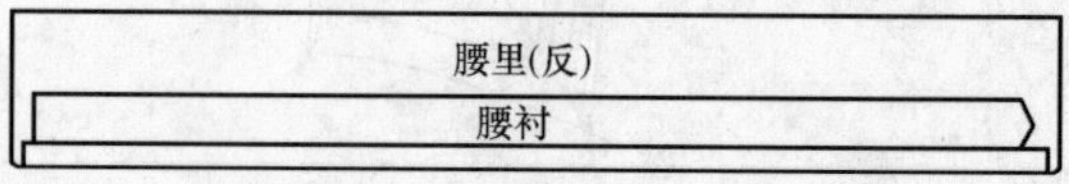 腰里(反) 腰衬	
3	扣转腰面上口:沿腰衬将腰面上口扣转包紧,烫平	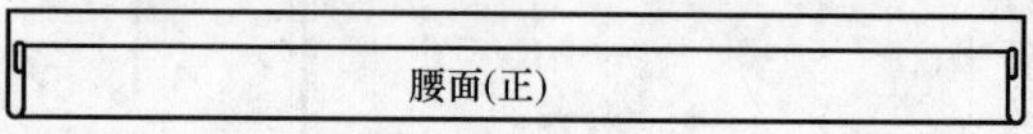 腰面(正)	1. 腰头面、里松紧一致 2. 腰头符合规格
4	扣转腰里:将腰里沿腰面下口扣转,烫平,使腰里比腰面宽出 0.1cm 左右	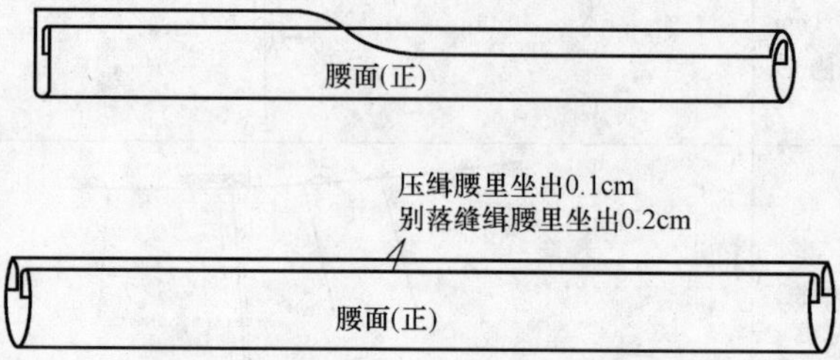 腰面(正) 压缉腰里坐出0.1cm 别落缝缉腰里坐出0.2cm 腰面(正)	

四、装腰头

序号	工艺操作方法及要求	操作图示	质量标准
1	1. 核对腰口尺寸是否与规格相符 2. 先装腰面缝线,从门襟向里襟方向,按腰面标记对档,腰头略紧些,以防还口	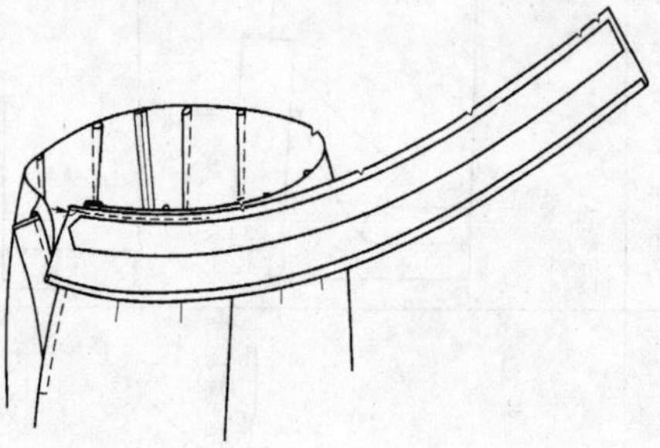	缉线顺直,对位标记准确
2	将腰头两端按腰宽向正面折转,然后将两端分别缉合	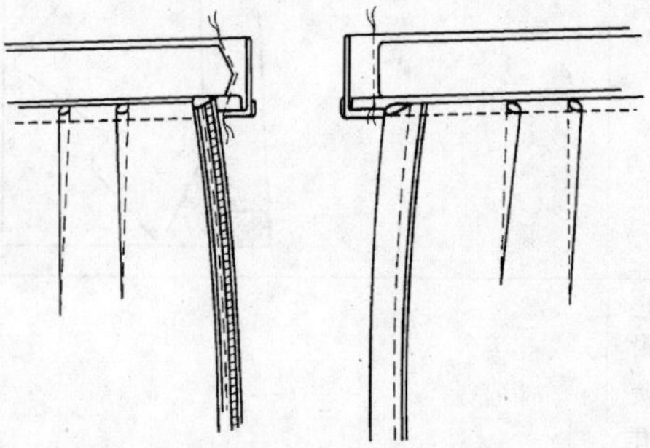	腰头面、里松紧一致。腰头宽窄一致,无涟形

（续）

序号	工艺操作方法及要求	操作图示	质量标准
3	把腰面翻正，腰里放平，正面兜缉0.1～0.15cm止口，压腰面下口时，要将腰里带紧，防止起涟	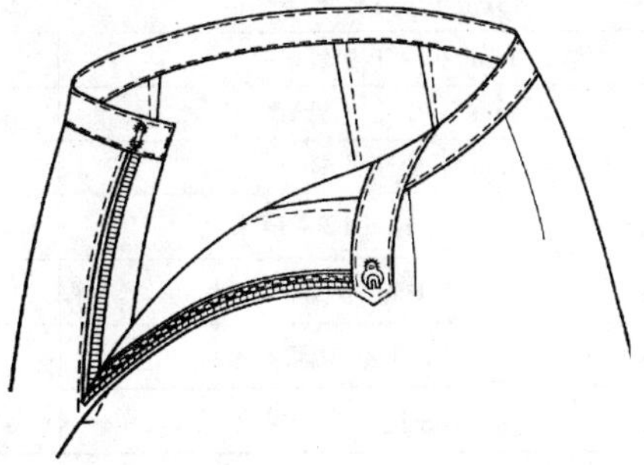	压缉明线顺直，无吐止口现象

任务五 整 烫

序号	项 目	具 体 要 求
1	熨烫工具选择	蒸汽电熨斗
2	工艺操作方法与要求	1. 装裤钩袢：在腰头的门里襟处装裤钩袢。钩在上襟腰头中间，距止口0.5cm，袢在下襟腰头中间，与里襟止口对齐 2. 扦底边：先用线绷好底边，再扦三角针，针距0.8～1cm，正面不露针迹 3. 三分做，七分烫 4. 整烫顺序：贴边、侧缝、开衩、省、腰面、腰里 1）烫平、压薄裙贴边 2）正面熨烫要盖烫布，喷水烫平 3）熨斗应直上直下地烫，不能横推，防止裙片变形 4）烫侧缝、后开衩、省缝、腰面、腰里 5）对照质量要求对每个部位进行检验，发现问题及时修正
3	质量要求	1. 钉裤钩袢，左钩右袢，扣合后腰口平服 2. 三角针符合要求，针距0.4～0.5cm，正面不露针迹，有条件的可用撬边机 3. 整件衣服无脏污、无线头、无极光 1）各部位熨烫平服、整洁、无烫黄、水渍及亮光 2）开衩平服 3）一批产品的整烫折叠规格应保持一致

任务六 成 品 检 验

正面检验包括以下方面：

（1）腰头宽窄顺直一致，无涟形，腰口不松开

（2）门里襟长短一致，拉链不能外露，开门下端封口要平服，门里襟不可拉松。

（3）收省顺直，胖势烫散。

（4）反面无线头。

（5）整烫要烫平、烫煞，且不可烫黄、烫焦。

（6）针距密度。按照缝制规定检验，针距密度见下表。

项　目		针　距　密　度	备　　　注
明暗线		3cm 12～14 针	特殊需要除外
包缝线		3cm 不少于 9 针	特殊需要除外
手工针		3cm 不少于 7 针	特殊需要除外
三角针		3cm 不少于 4 针	以单面计算
锁　眼	细线	1cm 12～14 针	机锁眼
	粗线	1cm 不少于 9 针	手工锁眼
钉　扣	细线	每孔不少于 8 根线	缠脚线高度与止口厚度相适应
	粗线	每孔不少于 4 根线	

项目成果检验

（1）各部位缝制线路顺、整齐、平服、牢固。

（2）上下线松紧适宜，无跳线、断线。起落针处应有回针。

（3）锁眼定位准确，大小适宜，扣与眼对位，整齐牢固。纽脚高低适宜，线结不外露。

（4）商标、号型标志、成分标志、洗涤标志位置端正，清晰准确。

（5）各部位缝纫线迹 30cm 内不得有两处单跳和连续跳针，链式线迹不容许跳针。

项目成果评价

西服裙制作工艺评分标准

项目	评　分　标　准	扣　分　规　定	分值	得分	教师审阅
裙腰	1. 裙腰平服、顺直，腰宽、腰头左右对称一致 2. 缉线顺直、宽窄一致 3. 裙腰粘衬平整、不起泡	1. 裙腰不平服、顺直，腰宽、腰头左右不对称一致扣 8 分 2. 缉线不顺直、宽窄不一致扣 5 分 3. 裙腰粘衬不平整、起泡扣 5 分	18 分		
拉链	1. 拉链两侧高度一致 2. 拉链缉明线、止口均匀 3. 拉链线迹整齐、牢固 4. 拉链平服顺直	1. 拉链两侧高度不一致扣 5 分 2. 拉链缉明线、止口不均匀扣 5 分 3. 拉链线迹不整齐、不牢固扣 3 分 4. 拉链不平服扣 2 分	15 分		
开衩	1. 开衩上口平服、与中缝顺直 2. 开衩不起吊、不外翻	1. 开衩上口不平服扣 5 分 2. 开衩起吊、外翻扣 5 分	10 分		
拼缝	1. 侧缝的缉线平服、顺直、宽窄一致 2. 后中缝的缉线平服、顺直、宽窄一致 3. 缝口顺直、无死褶、无坐势	1. 侧缝的缉线不平服、不顺直、宽窄不一致扣 5 分 2. 后中缝的缉线不平服、不顺直、宽窄不一致扣 5 分 3. 缝口不顺直、有死褶、有坐势扣 2 分	12 分		

（续）

项目	评 分 标 准	扣 分 规 定	分值	得分	教师审阅
省	1. 前后腰省位置正确、倒向准确 2. 腰省的长度、宽宽度适宜、对称 3. 省尖平服无泡	1. 前后腰省位置不正确、倒向不准确扣3分 2. 腰省的长度、宽度不适宜、不对称扣2分 3. 省尖不平服、起泡扣3分	8分		
下摆	1. 下摆折边宽度一致、平服 2. 下摆无绞皱、不变形、正面线迹符合要求	1. 下摆折边宽度不一致、不平服扣2分 2. 下摆有绞皱、变形、正面线迹不符合要求扣3分	5分		
针距密度	明、暗线13针/3cm	不符合适当扣3分	3分		
规格	1. 裙长的误差范围±1 2. 腰围的误差范围±1 3. 臀围的误差范围±1	1. 裙长超出误差范围扣2分 2. 腰围超出误差范围扣2分 3. 臀围超出误差范围扣2分	6分		
缝纫线路	1. 线路牢固 2. 缝纫线路顺直 3. 面、底线松紧适宜 4. 回针线路重合一致	根据缝纫线路各项情况适当扣分	5分		
整烫	1. 整烫平整,挺括,烫迹线正确对称 2. 表面无极光、无烫焦、无烫黄	根据整烫质量适当扣分	10分		
外观质量	1. 无线头 2. 无油迹、粉迹 3. 缉线部位顺直、美观、整齐	根据外观各项质量适当扣分	8分		
合计			100分		

练一练

尝试制作一条裙子（款式、规格不限）。

训练任务：①设计款式图；②写出制作工艺流程；③按照裙子工艺操作方法与要求进行缝制检验；④组织项目展评活动。

> **温馨提示：** 裙子的种类和名称很多，按裙长来命名有迷你裙、短裙、中裙、长裙等。按外形来看有窄裙、宽裙、喇叭裙、多节裙、多层裙、螺旋裙、旗袍裙等。按工艺来看有细裥裙、褶裥裙、定型裙、分割裙等。以腰围高低为标准有高腰裙、低腰裙、无腰裙、背心裙等。按裁片的片数来看有两片裙、四片裙、六片裙、八片裙、十二片裙等。

👆知识链接

一、制作贴袋

序号	工艺操作方法及要求	操 作 图 示	质量标准
1	根据标记确定袋位,再将袋口折转两次,然后缉好双明线	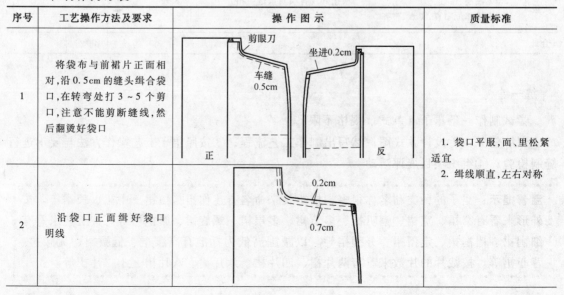	1. 袋口折转平服 2. 缉线顺直,左右对称
2	按口袋样板将其余三周扣烫好口袋		
3	将口袋放在袋位处铺平,沿边缉双明线,钉牢口袋。		1. 袋口平服,松紧适宜 2. 缉线顺直,左右对称

二、制作月牙袋

序号	工艺操作方法及要求	操 作 图 示	质量标准
1	将袋布与前裙片正面相对,沿0.5cm的缝头缉合袋口,在转弯处打3~5个剪口,注意不能剪断缝线,然后翻烫好袋口		1. 袋口平服,面、里松紧适宜 2. 缉线顺直,左右对称
2	沿袋口正面缉好袋口明线		

（续）

序号	工艺操作方法及要求	操 作 图 示	质量标准
3	兜缉口袋,将袋布折至上口与腰口一齐放平,两侧面对齐,沿边 0.8 cm 的缝头缉合,另一边合侧缝时一起缉合	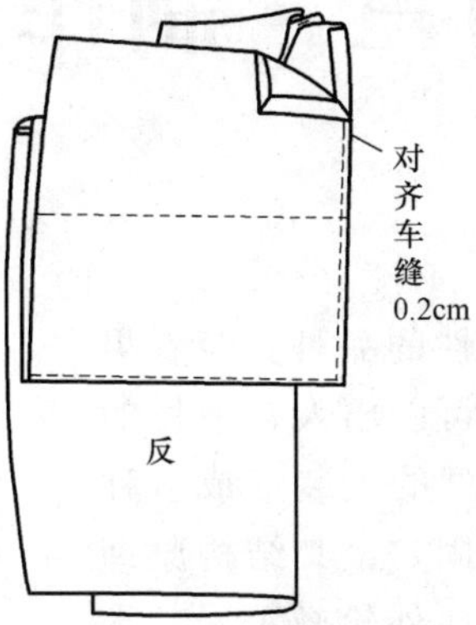 对齐车缝 0.2cm 反	1. 袋布平服,松紧适宜 2. 缉线顺直,左右对称

项目三　制作男西裤

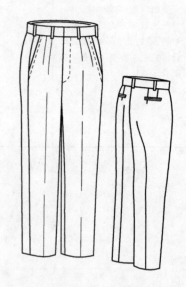

项目描述

　　男西裤是裤子中最具典型性的品种。穿着男西裤既可以出入正式场合，又可以出入较随便的场合。同时，也可以与不同类型的上装形成多种组合。男西裤的结构相对比较固定，其结构原理具有广泛的代表性和普遍性。在外轮廓上，基本为筒型，裤管贴体，形成合体、挺拔的视觉效果。

项目分析

　　男西裤的制作工艺流程为人体测量、临摹款式图、裁剪、样衣制作、整烫、成品检验 6 个流程。

实训准备

普通男西裤款式图

1. 选择面料

　　男西裤的面料选用范围比较广，毛料、毛涤、棉化学纤维类织物均可。里料一般选用涤丝纺、尼丝纺等织物。袋布选用全棉或涤棉布。

2. 参考成品规格尺寸表

规格　　部位	160/66	165/70	170/74	175/78	180/82
裤长	96.5	99.5	102.5	105.5	108.5
腰围	68	72	76	80	84
臀围	93.6	96.8	100	103.2	106.4
上裆	24	24.5	25	25.5	26

3. 实训设备

电动缝纫机、电动锁边机、电熨斗。

项目实施

任务一　人体测量

1. 测量工具

　　软尺，每位学生一根。

2. 测量的部位及要求

序号	部位	测量图示	测 量 要 求
1	裤长	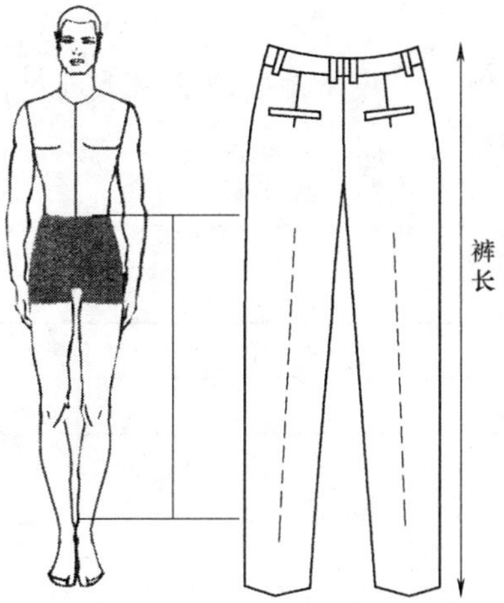	在被测者体侧用软尺从腰部最细处向下量至脚踝，或被测者所需长度
2	腰围	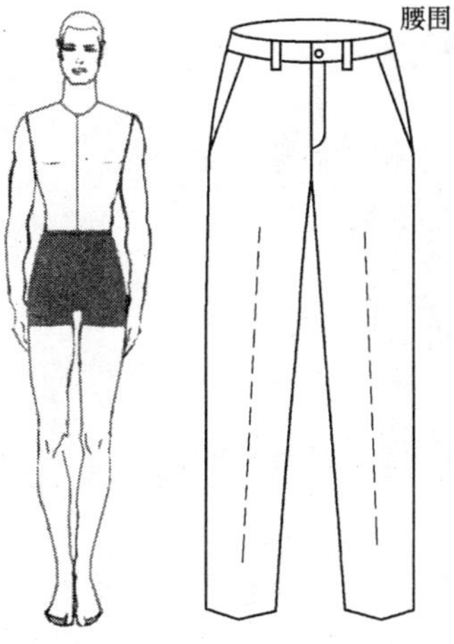	在腰部最细处水平围量一周，加放 1~2cm
3	臀围	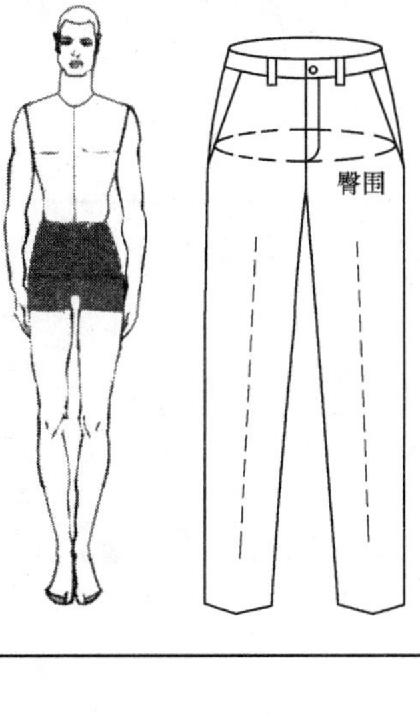	在臀部最丰满处水平围量一周，加放 7~8cm，或根据适体程度加放

温馨提示：

1. 测量的数据应尽可能准确无误，不要漏量。若被测量者有特殊表征，则应做好记录，以作相应调整

2. 要求被测量者穿质地软而薄的贴身内衣，并在赤足的情况下进行，站立姿态自然、端正、呼吸正常，以免影响测量的准确性

3. 做好每一部位测量的记录，并将每个尺寸进位到厘米

3. 测量数据记录表

姓名	部位	裤长	腰围	臀围	上裆	脚口
×××	规格					

知识链接

西裤部位、部件名称术语

（1）立裆：又叫直裆或上裆，指腰头上口到横裆间的距离。

（2）烫迹线：又叫挺缝线或裤中线，指裤腿前后片的中心直线。

（3）裤脚口：指裤腿下口边沿。

（4）横裆：指立裆下部的最宽处，对应于人体的大腿围度。

（5）侧缝：在人体侧面，裤子前后裤片缝合的缝。

（6）中裆：指人体膝盖附近的部位。

（7）脚口折边：裤脚口处折在里面的连贴边。

（8）翻脚口：指裤脚往上外翻的贴边。

（9）下裆缝：指裤子前后片从裆部至裤脚口缝合的内侧缝。

（10）裤腰：指与裤子前后片上口缝合的部件。

（11）裤腰省：裤前后片为了符合人体曲线而设计的省道，省尖指向人体的突起部位，前片为小腹，后片为臀大肌。

（12）裤裥：裤前片在裁片上预留出的宽松量，通常经熨烫定出裥形，在装饰的同时增加可运动松量。

（13）小裆缝：裤子前身小裆缝合的缝。

（14）后裆缝：指腰的里子。

任务二　临摹款式图

临摹各种类型的裤子款式图，最终能独立绘制男西裤的款式图。

要求：绘制款式图各部位比例正确，符合设计基本要素。正、背面的图示足以体现客户的要求。

温馨提示： 在绘制款式图时应注意各款式的放松度，如适身型、合体型、宽松型等。

任务三　裁　剪

男西裤的铺料与裁剪工艺共有 6 道工序,分别为划板、检验、拉布、割刀、裁衬、压衬。裁剪过程中要求核实样板数是否与裁剪通知单相符;各部位纱向按样板所示;各部位钉眼、剪口按样板所示;钉眼位置准确,上、下层不得超过 0.2 cm;打号清晰,位置适宜,成品不得漏号。

序号	工序	工艺操作方法与要求	质 量 标 准
1	划板	1. 首先看好计划单、工艺单,对样板,掌握面幅情况,选好皮料 2. 按工艺要求看好面料正反面,划皮不得占用公差 3. 测量皮的拖长,超定额不准使用 4. 划皮有三个指导原则:一是准确性,即工艺准确、规格准确;二是合理性,即排板布局合理;三是节约性 5. 划皮时不能少片或零部件,划完后要自检	1. 有顺向的面料,每一件都要一致,有条纹的要一致,客户有要求的必须按客户要求去做 2. 划皮要求皮线清晰,编号清楚,皮面整洁,牙剪、省点要划准确
2	检验	1. 掌握工艺要求,看清工艺,核对样板与工艺规定 2. 根据毛片规格表测量规格,先大部件后小部件	1. 检查各部位件数,有无漏划 2. 按拉布单对面幅使用,检查托长及两头端线 3. 凡不符合规格尺寸,排图不合理,部件或多或少,改线过多、乱、不清楚,退回划皮修改,严重的作为废皮处理
3	拉布	1. 根据拉布报告的要求,首先查清原料、面幅、色号、原料反正面、阴阳条格、层数、皮长 2. 对有绝对反正面或有阴阳条格的面料,要提前顺好 3. 拉料要求三面齐一面平,不允许径自弯曲和出现人为的纬斜,格子面料要先裁毛然后挂针 4. 拉料操作时,冲头与压头人员动作要协调,配合要默契 5. 使用后的布头应整齐叠好并记好面料卡	1. 靠身布边齐、上下垂直,幅宽长度按要求,未经批准不许超出公差 2. 格料按照工艺拉布要求扎针、主条上下垂直 3. 条格料特别是无扎针部位的上下条格要垂直无歪斜
4	割刀	1. 首先查清拖料单标明的件数,要求查清每个部件的衔接,拉料是否合格 2. 所裁部位的刀路必须顺直,上下一致,左右顺好 3. 割刀的操作技巧在于用刀手法,刀路随排图的变化而变化,用刀手法及刀路要顺畅 4. 电刀要润滑正常,刀刃锋利,推刀刀路不要用力过大,若走刀速度超出刀刃的承受力会造成"拱料",将料割起来,出现偏刀或跑线 5. 割刀要遵循从右向左的拉刀方向,先外后内,先弧后直,先大身后部件的原则	1. 前片对比互差不大于 ±0.2 cm 2. 后片对比互差不大于 ±0.2 cm 3. 第一层与最底层对比互差不大于 ±0.2 cm

（续）

序号	工序	工艺操作方法与要求	质 量 标 准
5	裁衬	1. 斜裁按工艺要求,注意区分什么是有纺衬,树脂衬,无纺衬,尼龙衬 2. 划线:要掌握用笔的型号,深面料铅笔可深些。划线不能跑样板,不得走样,裁衬时应走线里侧,将铅笔线割掉	用衬正确,丝缕正确,款式、型号正确,净衬、毛衬区分开
6	压衬	1. 根据所压部位和用衬的不同,调适出合适的温度、速度、压力 2. 根据不同面料、不同批次的衬布,生产前做实验,将压衬效果调至最佳方可进行生产,拉力不够或起泡不能进行生产 3. 接片时不能乱号、丢片,更不能将两个订单的裤片混接 4. 保持压衬机周围及机器卫生,下班前半个小时提前降温,并用清洁粉将皮带擦拭干净 5. 待温度降至 60～80℃ 之间后,方可关闭电源和气阀	1. 避免人为起泡,在压活前必须先用测温纸进行测温,温度稳定后方可进行生产 2. 根据不同面料、衬料,调出最佳粘合效果 3. 保持机器及周围卫生,避免出现二次污染 4. 客户有特殊要求的,以客户要求为准

任务四　样衣制作

男西裤的样衣缝制工艺共有 26 道工序。缝制过程中要求各部位缝制线路整齐、牢固、平服;上下线松紧适宜,无跳线、断线,起落针处应有回针;西裤两裤腿长短一致,脚口大小一致;袋口松紧一致,宽窄一致;袋口方正,封口牢固无毛露;锁眼定位准确,大小适宜,两头封口。开眼无绽线;商标位置端正。号型标志、成分含量标志、洗涤标志准确清晰,位置端正;成品中不得含有金属针。具体制作工序、制作工艺操作方法及要求如下。

一、包裤膝（三线包缝机）

序号	工艺操作方法及要求	操作图示	质 量 标 准
1	将做好的裤片,比齐裤膝包缝。裤片两褶和裤膝两褶要对齐,不超过 5mm 误差		线迹顺直,不伸不拉,平服,不拧颈,不损坏裁片

二、缝合前褶

序号	工艺操作方法及要求	操作图示	质量标准
1	缉前褶时,把前褶正面向上,比齐上口的刀口对折,看着反面,对准褶的消失点,缉合,首尾回针	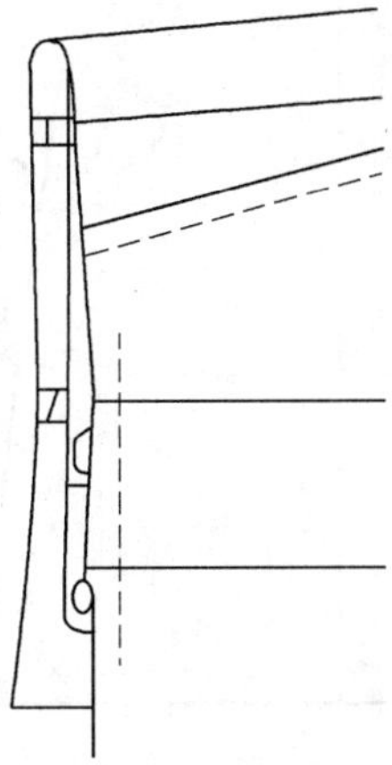	缉前褶时两个前褶要对称,长短相同,缉完后两个前片大小一致,缉褶后两褶丝绺线要垂直平行
2	腰口 5mm 固定住(根据客户要求而定褶的倒向)。若是条格面料,双褶按条格丝绺缉合		

三、绱侧口袋

序号	工艺操作方法及要求	操作图示	质量标准
1	缉合袋底,在袋垫布的上口做好斜袋斜度标记	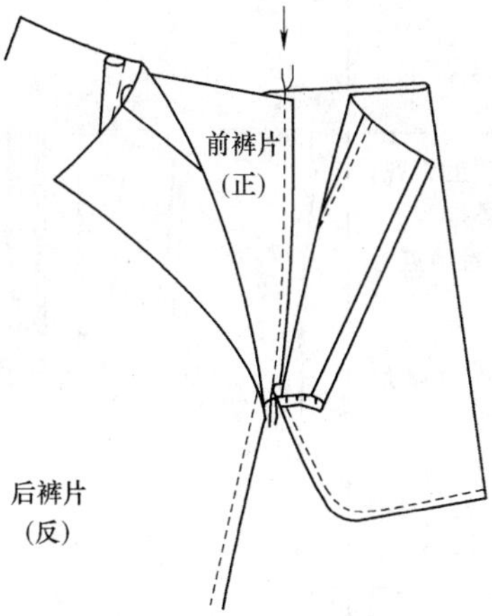	平服,不毛脱,不反吐,止口与腰口平行
2	裤片在上,袋布在下,裤片袋口对在前叉 1cm 做缝下端打 1cm 剪口,注意袋口长度一致		

前裤片(正)

后裤片(反)

四、明袋口

序号	工艺操作方法及要求	操作图示	质量标准
1	分清左右片,把裤片与袋布号对准	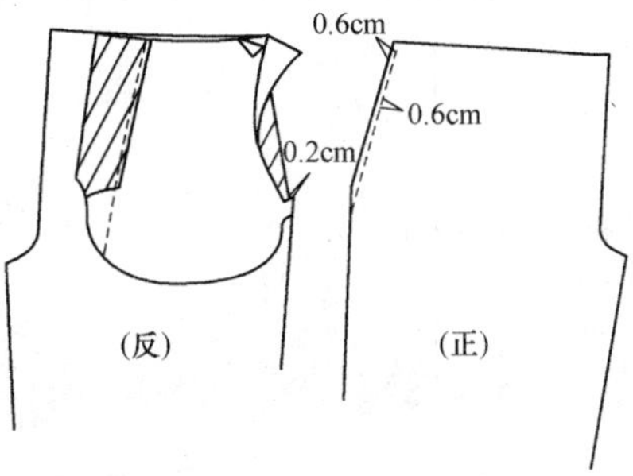	线迹不松不紧、平服、不起皱、不跳线、不抽丝
2	把袋布放入折边处,上口与腰口对齐,下口与折边止口对准		
3	从止口开始到腰口处压 0.6cm 明线		

0.6cm
0.6cm
0.2cm

(反)　　　(正)

五、打结

序号	工艺操作方法及要求	操作图示	质量标准
1	从腰口下 2cm 打侧袋上结,根据袋口尺寸打下结。结打 0.7cm	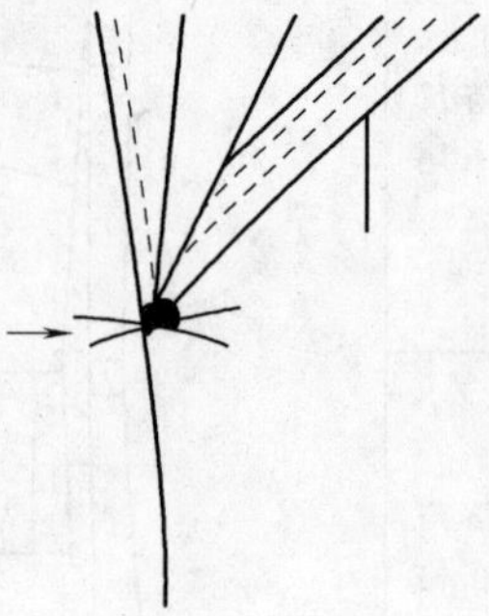	规格准确,平服,不起皱,不毛脱,袋口对称

六、绱拉链

序号	工艺操作方法及要求	操作图示	质量标准
1	左右前片正对正,对齐腰口,从前门剪口起针,由上往下 1cm 缝份缝合小档,小档留 3cm 不合	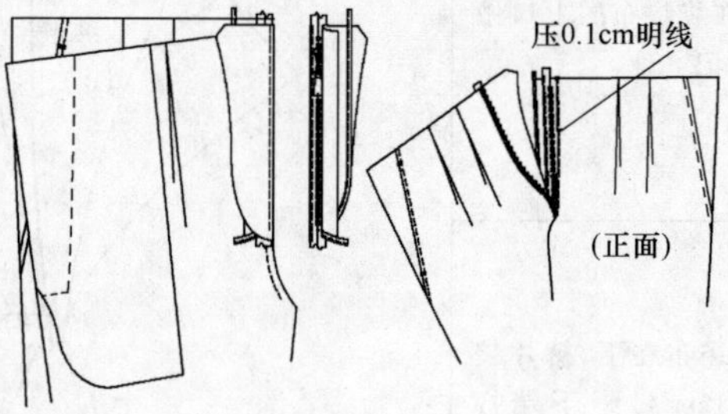	
2	左前片在上门襟正对正比齐,从上止口起针到下封结打倒针,上止口为 1cm 缝头,下封结点为 0.8cm 缝头	压0.1cm明线 (正面)	门襟、底襟、裤片无吃量、线迹顺直、缝头均匀
3	门襟压前片 0.1cm,门襟缉 0.1cm 明线		
4	把里襟与右裤片比齐,从上止口起针到下封结点,上止口为 1cm 缝头,下封结点为 0.6cm 缝头		

七、包后片（三线包缝机）

序号	工艺操作方法及要求	操作图示	质量标准
1	把裤后片正面向上,从裤脚起针按照款式要求顺直包下。裤片不毛露,不切割	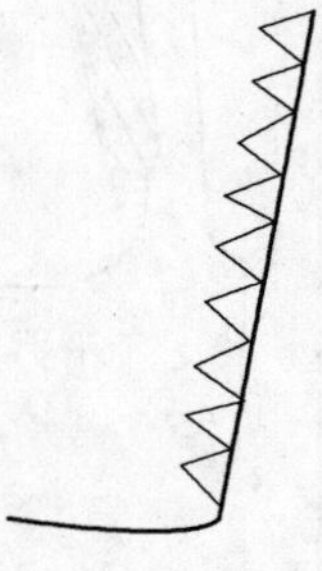	不损裁片,包严实,不伸不吃

八、划省位

序号	工艺操作方法及要求	操作图示	质量标准
1	把裤片腰口处反面向上,平放在案台上,找准腰部剪口	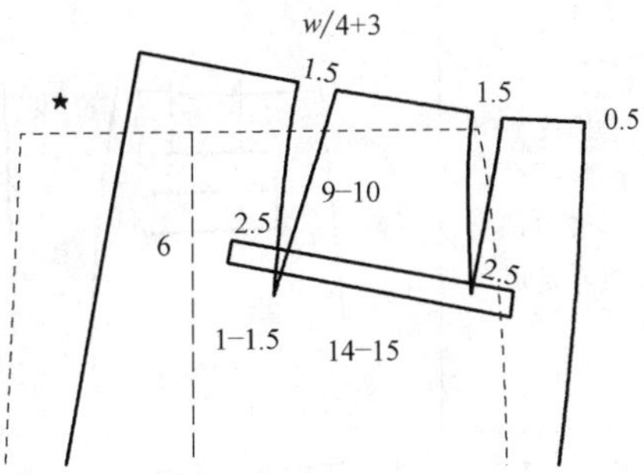	
2	样板剪口对准裤片剪口,侧缝打准划出省位	*w*/4+3 1.5 1.5 0.5 6 2.5 9—10 2.5 1—1.5 14—15	剪口对准,省位对准,两片一致
3	把两裤片反对反比齐,拍、划省位部位,使至划料印在两片上,位置吻合		

九、收后省

序号	工艺操作方法及要求	操作图示	质量标准
1	将裤后片反面向外对折,腰口折两剪口对齐,起针到画省位尖处成锥形	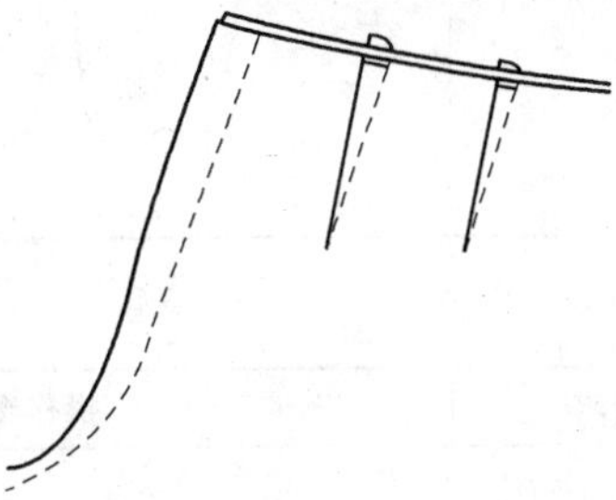	省位准确、对称,省尖到位,不起包,省骨正直
2	腰口起针部位打倒针		

十、烫后省

序号	工艺操作方法及要求	操作图示	质量标准
1	把裤后片反面向上平放在烫台上,两省缝头分别倒向后片两侧,烫平,压实	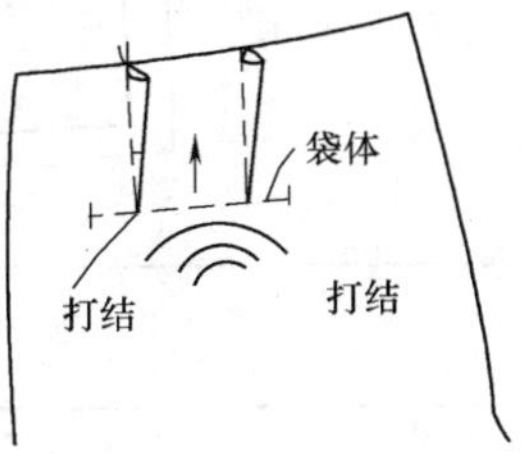 袋体 打结 打结	后省平服,无眼皮,袋口衬位置合适,粘衬牢固
2	把裁好的无纺衬反面放在裤片的省位上,位置上下合适,左右对称,压实		

十一、划袋位

序号	工艺操作方法及要求	操作图示	质量标准
1	把后裤片平放在案台上,找出样板	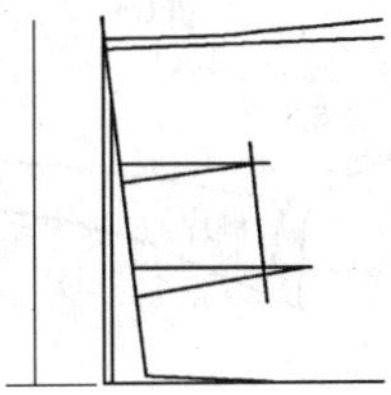  袋体 打结 打结	袋口位置准确,两片位置一致
2	把袋位板按照省缝对准,在裤片上划出袋口位置		

十二、开后口袋

序号	工艺操作方法及要求	操作图示	质量标准
1	调节机器灯标使其长度到要求尺寸,放口袋布,正常裤的口袋布上口与裤口对齐,袋口两侧口袋布要相同,口袋布要放正	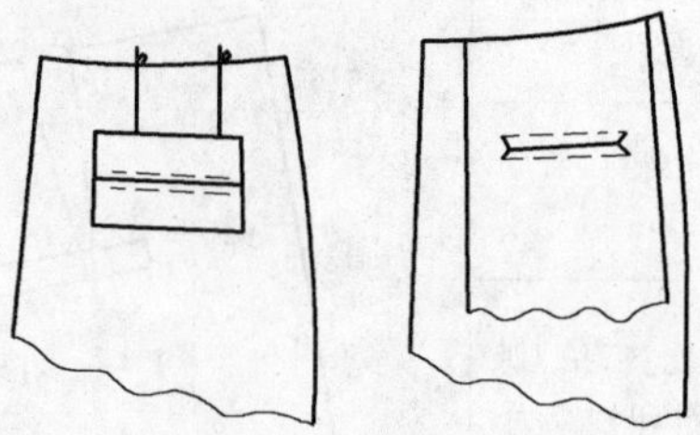	后袋宽1cm,开线宽0.5cm,后袋长按工艺规格。后袋位置对称,长度准确,平整
2	放后裤片时机器灯标要对准所划后口袋位置,裤片必须放平	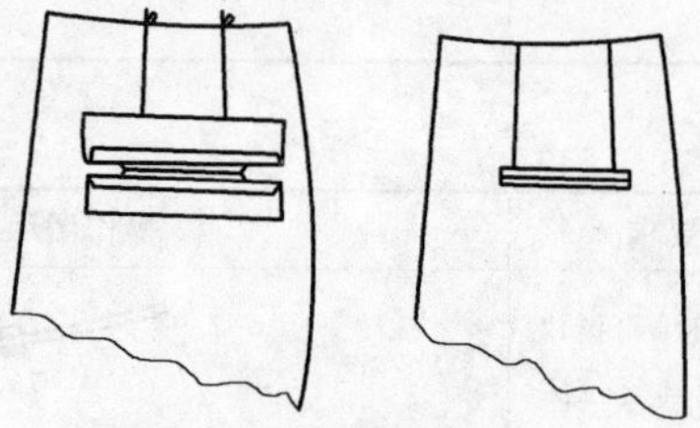	开线宽窄一样,无吃量,后省两边的距离相同,与腰口平行

十三、明后袋布

序号	工艺操作方法及要求	操作图示	质量标准
1	把后袋布平放,正面向上,周边压明线	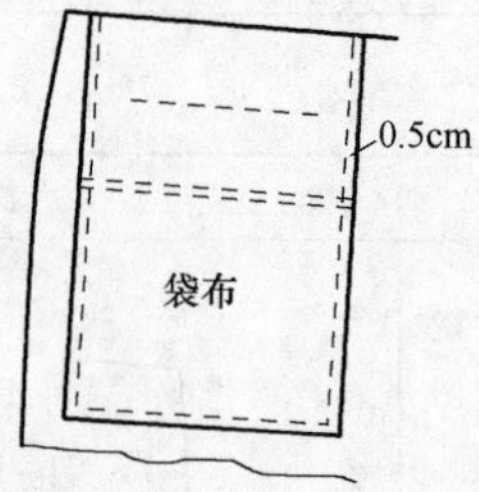 0.5cm 袋布	袋布平服、无反吐,明线均匀

十四、合外侧缝

序号	工艺操作方法及要求	操作图示	质量标准
1	把前后片正对正对齐,前片在上,比齐外侧缝,按1cm做缝,顺直合成	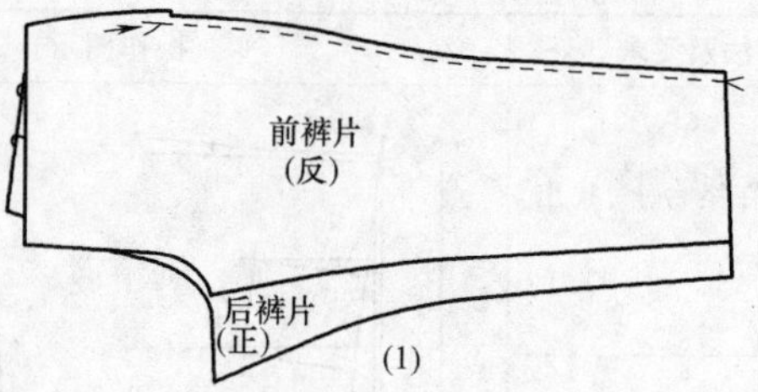 前裤片(反)	线迹顺直,平服,吃量均匀,缝头大小一致
2	合侧缝时从袋口至中档均匀分布吃量,如果后片量稍大,从袋口往上到腰口稍微吃量	后裤片(正) (1)	腰口,裤脚对齐,裤膝无死褶。合侧缝时袋口要合到位

十五、绱腰

序号	工艺操作方法及要求	操作图示	质量标准
1	从腰头处量6cm再量10cm腰头,然后量出腰围	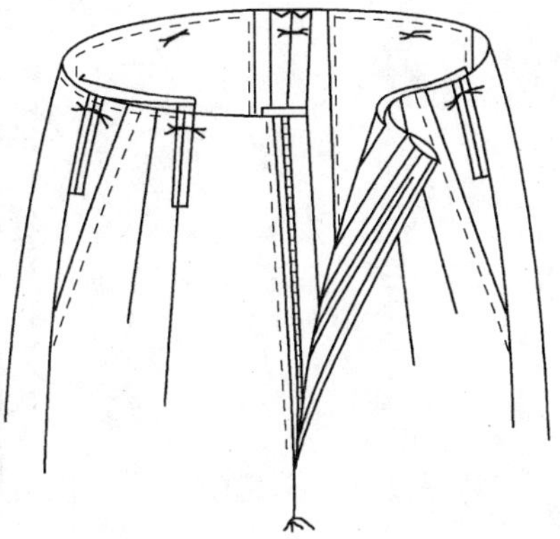	
2	在裤腰口处画出串带位置		线迹顺直,两片对称,各部位尺寸准确,平服
3	把腰面的下口比齐腰口上口,离衬0.1cm做缝0.9cm,左前片腰头留10cm宝剑头,过0.2cm的眼皮量,在画好的位置上夹串带		

十六、勾腰头

序号	工艺操作方法及要求	操作图示	质量标准
1	把腰头正对正铺平放在机面上,样板比齐腰头画出形状	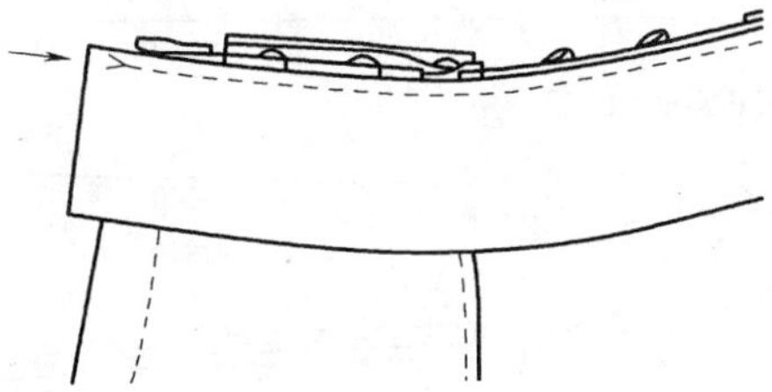	
2	根据腰衬离衬0.1cm处勾腰头,勾好后把多余的缝头清剪掉		长度合适,尖角对称,上下腰面不反突,腰头宽窄一致
3	腰里清至与挂钩对齐偏后1cm	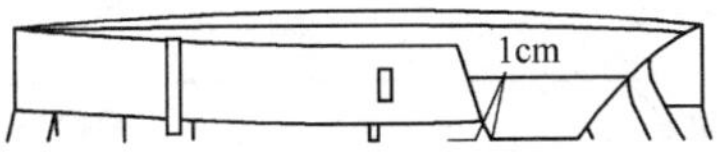 1cm	

十七、明前门

序号	工艺操作方法及要求	操作图示	质量标准
1	门襟与腰面摆平,腰头反面内折1cm,缝份压0.1cm明线固定在腰里上	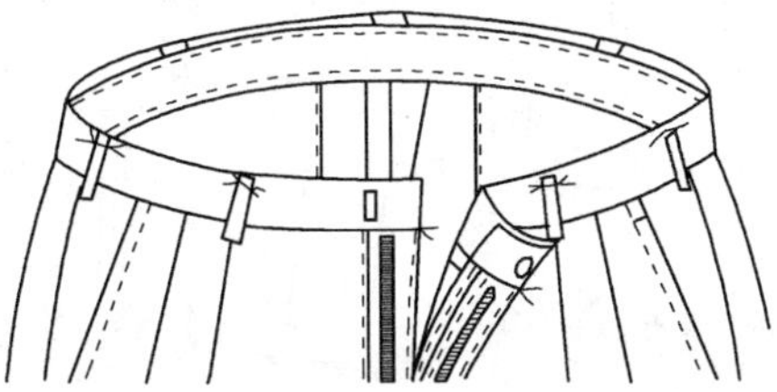	明线宽窄均匀、圆顺、前门平服
2	根据工艺样板,从腰缝处压明线,明线宽度根据工艺要求		

十八、勾底襟

序号	工艺操作方法及要求	操作图示	质量标准
1	把底襟与底襟布正对正放在机面上,底襟在上	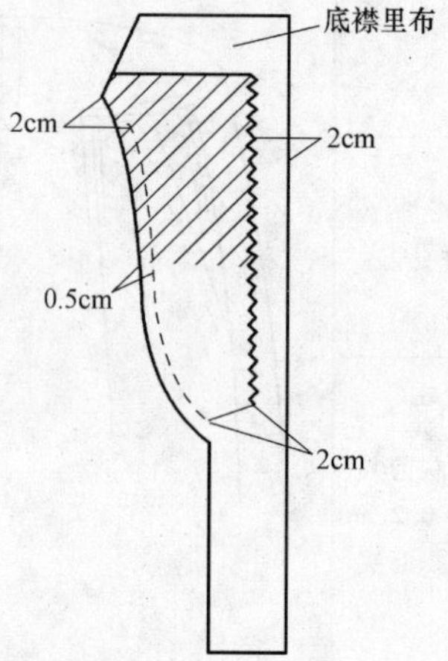	不反吐、不毛脱、线迹顺直、形状圆顺
2	从底襟下口起针,到腰缝下2cm处打倒针,缝头为0.5cm		

十九、合里缝

序号	工艺操作方法及要求	操作图示	质量标准
1	把裤前后片正对正对齐,比齐里缝	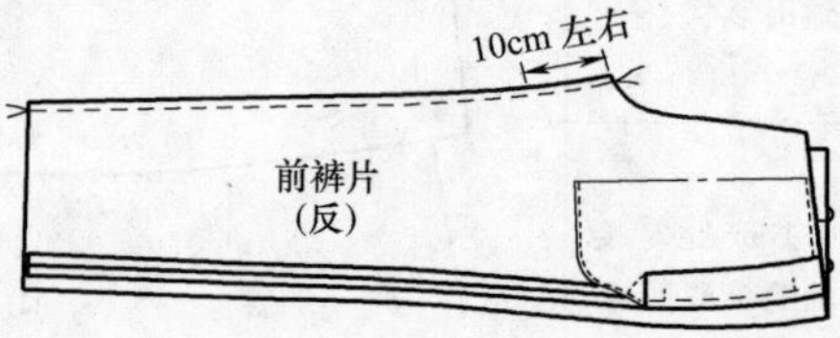	线迹顺直,平服,吃量均匀,缝头大小一致
2	前片在上1cm缝头,顺直缝合		腰口、裤脚对齐,裤膝无死褶

二十、合后裆

序号	工艺操作方法及要求	操作图示	质量标准
1	量出腰围在后裆腰口定点	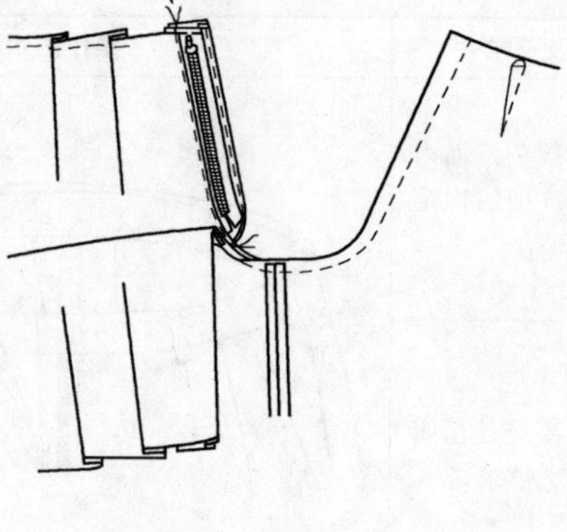	缉线顺直、裆底十字缝对齐、腰面腰里缝对齐、对条对格面料要对条对格
2	从小裆弯连线作缝1cm至裆弯剪口处作缝1.2cm		
3	合至裆弯剪口处作斜直线到后裆腰口定点处		

二十一、劈缝

序号	工艺操作方法及要求	操作图示	质量标准
1	把裤里外缝平放在烫台上,烫缝,烫平,压实	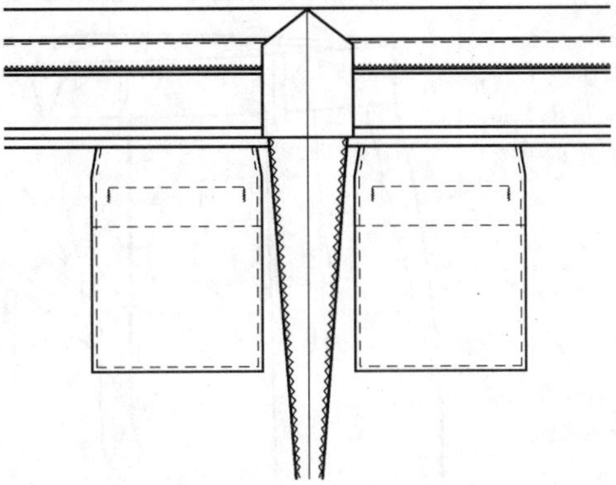	平服,无痕迹,不变形,丝绺顺直
2	把后裆缝劈开,距离从腰缝到裆底,腰里余量折叠成三角烫平		

二十二、扦腰里

序号	工艺操作方法及要求	操作图示	质量标准
1	摆平腰里,从右腰底襟起针,掀起第一层腰里,用撬边机沿着第二层腰里下端边缘扦缝,扦到侧缝处把后袋布铺平,上端放在腰里下,扦到距裆4cm处停针	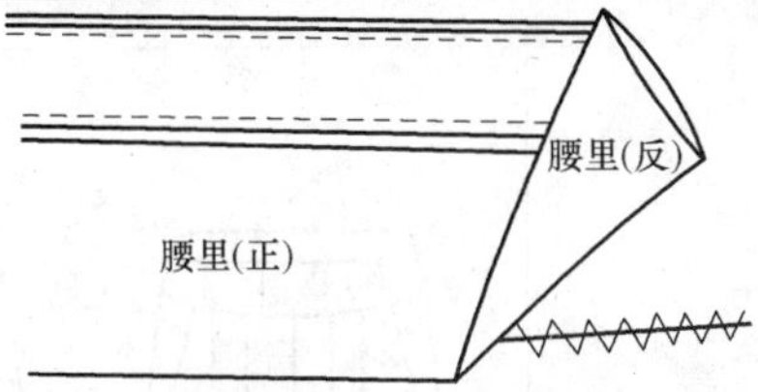 腰里(反) 腰里(正)	1. 腰面平服,不拧,不透针,袋布没余量,不扭 2. 线迹均匀,松紧适合,不漏针,不断线
2	让过后裆缝4cm处起针,同样掀起第一层腰里,到前门处停针		

二十三、打前门结

序号	工艺操作方法及要求	操作图示	质量标准
1	前片摆平,看前门是否顺直	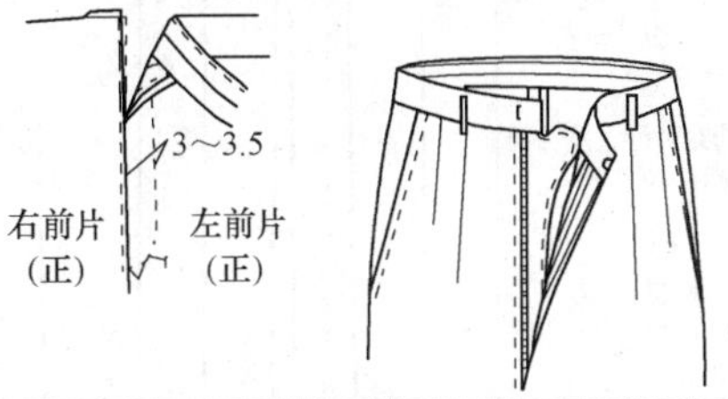 3~3.5 右前片(正) 左前片(正)	底面不起皱,前门平服顺直
2	结的下端与前门明线的末端对齐,结与前门打顺,打直		

二十四、上串带袢

序号	工艺操作方法及要求	操作图示	质量标准
1	从下串带往下留0.2cm余量,将串带上折与下串带重合,再将串带内折,比齐腰面在距离腰面0.1cm处打结	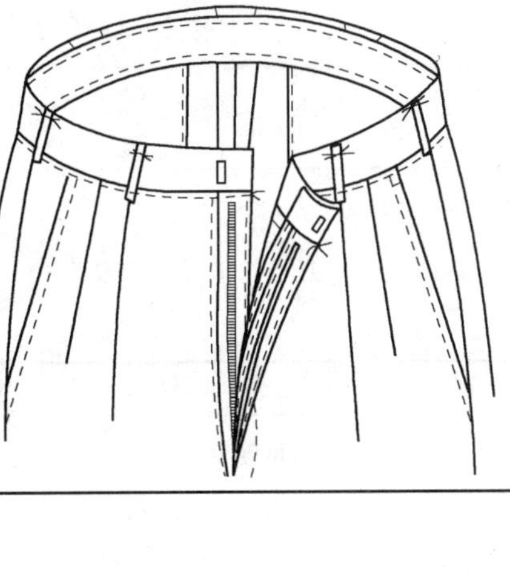	串带与腰面垂直,松紧一致,宽窄一致

二十五、锁扣眼

序号	工艺操作方法及要求	操作图示	质量标准
1	把腰头反面向上平放，从腰头尖往里量1.5cm，再找出腰面宽的中心锁眼		线色准确，位置准确，平服
2	把底襟反面向上平放，从腰口往下1cm，再从底襟尖往里1cm锁眼		

二十六、剪线头

序号	工艺操作方法及要求	操作图示	质量标准
1	把多余的线头清剪干净，使衣服整体效果美观		衣服表里干净整洁，无线头线毛外露，线头不得超过3处

任务五　整　烫

序号	项目	具体要求
1	熨烫工具选择	蒸汽电熨斗

（续）

序号	项目	具 体 要 求
2	工艺操作方法与要求	1. 正面熨烫要盖水布,防止出现极光或污渍。为使熨烫部位尽快烫干、烫煞,用水布烫定型后可换用干布烫干 2. 根据不同部位的需要,借助布馒头、铁凳等工具进行熨烫 3. 严格按照归、拔要求熨烫,熨烫成型后两格要对称,并与人体形状相符 4. 内在:各部位平服,无漏烫,线迹无吃势,无油脏,无线头,侧缝对称,下摆平服无打缕,折叠要端正
3	质量要求	1. 整件衣服无脏污、线头、极光 2. 各部位熨烫平服、整洁,无烫黄、水渍及亮光 3. 裤袋的大小左右基本一致,袋角端正 4. 一批产品的整烫折叠规格应保持一致

任 务 六　成 品 检 验

一、正面检验

（1）腰头顺直,止口不反吐面,里平服,绱腰松紧适宜,缉线顺直。腰头宽窄左右基本一致,腰头方正。

（2）串带袢长短、高低、宽窄一致,位置适宜,左右两片对称。

（3）门里襟长短一致,门襟明线宽度3.5cm,不露拉链,（相压0.7cm±0.3cm）,绱拉链平服,封裆牢固,缝线长1cm,平服。

（4）验口袋:省尖对称,平眼位正。嵌线宽窄一致,袋口方正无毛露,线路整齐,无吃纵、粗纱、疵点,刀口三角大小要一样。

（5）检查侧袋封口线清晰牢固,袋口单明线线距0.1cm。

（6）西裤腿长短一致,脚口大小一致。

（7）锁眼符合规定,位置适中,眼大1.7cm,针码适宜暗钉扣,每眼四针牢固。裤钩暗钉、裤鼻暗钉,位正牢固。

二、反面检验

（1）正反面无线头,缝份宽窄一致,烫开,封裆缉双线,无双归。

（2）口袋袋布颜色一致。

（3）后袋袋布方正,门字形规范。侧袋封袋弧圆顺,封口处不打结。

（4）扦边针码均匀,每针0.7cm,松紧适宜,正面不透针。

（5）按照缝制规定检验,针距密度符合要求。

📌 **项目成果检验**

（1）各部位缝制线路顺直、整齐、平服、牢固。

（2）上下线松紧适宜,无跳线、断线。起落针处应有回针。

（3）侧缝袋口下端打结处以上5cm至以下10cm之间、下裆缝上1/2处、后裆缝、小裆缝缉两道线或用链式缝迹缝制。

（4）袋布的垫料要折光边或包缝。

（5）袋口两端应打结，可采用套结机或平缝机回针。

（6）锁眼定位准确，大小适宜，扣与眼对位，整齐牢固。纽脚高低适宜，线结不外露。

（7）商标、号型标志、成分标志、洗涤标志位置端正，清晰准确。

（8）各部位缝纫线迹30cm内不得有两处单跳和连续跳针，链式线迹不容许跳针。

项目成果评价

男西裤制作工艺评分标准

项目	评 分 标 准	扣 分 规 定	分值	得分	教师审阅
腰	1. 裤腰平服、顺直，腰宽、腰头左右对称一致 2. 缉线顺直、宽窄一致 3. 腰粘衬平整、不起泡	1. 裤腰不平服、顺直，腰宽、腰头左右不对称一致扣8分 2. 缉线不顺直、宽窄不一致扣5分 3. 腰面粘衬不平整、起泡扣5分	18分		
拉链	1. 拉链两侧高度一致 2. 拉链缉明线、止口均匀 3. 拉链线迹整齐、牢固 4. 拉链平服顺直	1. 拉链两侧高度不一致扣5分 2. 拉链缉明线、止口不均匀扣5分 3. 拉链线迹不整齐、不牢固扣3分 4. 拉链不平服顺直扣2分	15分		
后袋	1. 袋口平服、松紧合适 2. 后袋距腰口高低一致，左右对称	1. 袋口不平服，松紧不合适扣5分 2. 后袋距腰口高低不一致，左右不对称扣5分	10分		
拼缝	1. 侧缝的缉线平服、顺直、宽窄一致 2. 后中缝的缉线平服、顺直、宽窄一致 3. 缝口顺直、无死褶、无坐势	1. 侧缝的缉线不平服、不顺直、宽窄不一致扣5分 2. 后中缝的缉线不平服、不顺直、宽窄不一致扣5分 3. 缝口不顺直、有死褶、有坐势扣2分	12分		
省	1. 前后腰省位置正确、倒向准确 2. 腰省的长度、宽度适宜、对称 3. 省尖平服、无泡	1. 前后腰省位置不正确、倒向不准确扣3分 2. 腰省的长度、宽度不适宜、不对称、扣2分 3. 省尖不平服、起泡扣3分	8分		
脚口扦边	1. 折边宽度一致、平服 2. 无绞皱、不变形、正面线迹符合要求	1. 折边宽度不一致、不平服扣2分 2. 有绞皱、变形、正面线迹不符合要求扣3分	5分		
针距密度	明、暗线13针/3cm	不符合扣3分	3分		
规格	1. 裤长的误差范围±1cm 2. 腰围的误差范围±1cm 3. 臀围的误差范围±1cm	1. 裤长超出误差范围扣2分 2. 腰围超出误差范围扣2分 3. 臀围超出误差范围扣2分	6分		
缝纫线路	1. 线路牢固 2. 缝纫线路顺直 3. 面、底线松紧适宜 4. 回针线路重合一致	根据缝纫线路各项情况适当扣分	5分		
整烫	1. 整烫平整，挺括，烫迹线正确对称 2. 表面无极光、无焦、无烫黄	根据整烫质量适当扣分	10分		

（续）

项目	评 分 标 准	扣 分 规 定	分值	得分	教师审阅
外观质量	1. 无线头 2. 无油迹、粉迹 3. 缉线部位顺直、美观、整齐	根据外观各项质量适当扣分	8分		
合计			100分		

练一练

尝试制作一条男西裤（款式、规格不限）

训练任务：①设计款式图；②写出制作工艺流程；③按照男西裤工艺操作方法与要求进行缝制、检验；④组织项目展评活动。

温馨提示　裤子的种类繁多，按裤长来分有长、中、短裤之分。按外形来分有宽松型、适身型、紧身型。口袋的变化也很多，有侧缝直袋、侧缝斜袋、月亮袋、嵌线挖袋、明贴袋等。

项目四　制作女衬衫

项目描述

中国周代已有衬衫，称中衣，后称中单。汉代称近身的衫为厕腧。宋代已用衬衫之名。现称之为中式衬衫。清末民初之际，国人开始穿西装，把衬衫穿在西服的里边，作为衬衣，上系领带，中间开口，一般都是 5 个纽扣。在国外，公元前 16 世纪古埃及第 18 王朝已有衬衫，是无领、袖的束腰衣；14 世纪诺曼底人穿的衬衫有领和袖头；16 世纪欧洲盛行在衬衫的领和前胸绣花，或在领口、袖口、胸前装饰花边；18 世纪末，英国人穿硬高领衬衫，维多利亚女王时期，高领衬衫被淘汰，形成现代的立翻领西式衬衫。19 世纪 40 年代，西式衬衫传入中国。衬衫最初多为男用，20 世纪 50 年代渐被女士采用，现已成为女士常用服装之一。

普通女衬衫款式图

项目分析

女衬衫的制作工艺流程为人体测量、临摹款式图、裁剪、样衣制作、整烫、成品检验 6 个流程。

项目准备

1. 选择面料

一般内用衬衫衣料多为素色、小条格、小圆点的纯棉织物，时装化的外用衬衫，除棉、麻、丝等天然织物外，也可以选择变化多样的混纺及化纤面料。

2. 参考成品规格尺寸表

部位　　　　规格	150/76A	155/80A	160/84A	165/88A	170/92A
衣长	60	62	64	66	68
胸围	88	92	96	100	104
肩宽	38	39	40	41	42
领围	34	35	36	37	38
长袖长	50.5	52	53.5	55	56.5
短袖长	19	20	21	22	23

3. 实训设备

电动缝纫机、电动锁边机、电熨斗。

项目实施

任务一　人体测量

1. 测量工具

软尺，每位学生一根。

2. 测量的部位及要求

测 量 图 示	测量部位及要求
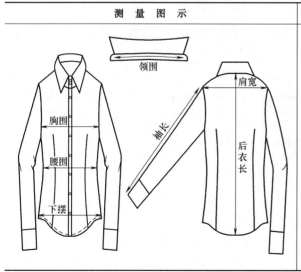	1. 衣长：由颈侧点通过胸高点垂直向下量至所需位置 2. 胸围：在胸部最丰满处水平围量一圈，加放12cm左右的松量 3. 腰围：在腰部最细处水平围量一圈，加放5~6cm左右的松量 4. 臀围：在臀部最丰满处水平围量一圈，加放7~8cm左右的松量 5. 肩宽：由左肩骨外端量至右肩骨外端，加放0~1cm的松量 6. 袖长：由肩骨外端量至虎口上2cm或根据需要而定 7. 袖口围：在腕部围量一圈，加放4~5cm的松量 8. 领围：在颈部围量一圈，加放1~2cm的松量

3. 测量数据记录表

姓名	部位	衣长	胸围	肩宽	领围	前腰节长	袖长
×××	规格						

知识链接

女上装部位、部件名称术语

（1）肩缝：在肩膀处，前后衣片缝合的部位。

（2）止口：也叫门襟止口，是指成衣门襟的外边沿。

（3）搭门：指门襟与里襟叠在一起的部位。

（4）袖山缝：袖山和前后衣片缝合的缝。

（5）袖口：成衣袖的外边沿。

（6）胸部：指前衣片前胸最丰满处。

（7）腰节：指衣服腰部最细处。

（8）摆缝：指袖窿下面由前后衣片缝合的缝。

（9）底边：也叫下摆，指衣服下部的边沿部位。

（10）前腰省：在衣服前身腰部的省道。

（11）袖窿：是大身装袖的部位。

（12）领省：指在领窝部位的省道。

（13）刀背缝：是一种形状如刀背的省或开刀缝。

任务二　临摹款式图

临摹各种类型的女衬衫款式图，最终能独立绘制衬衫款式图。

要求：绘制款式图各部位比例正确，符合设计基本要素。正、背面的图示足以体现客户的要求。

温馨提示　在绘制款式图时应注意各款式的放松度：适身型、合体型、宽松型；衣片分割：横向、纵向；门襟：普通门襟、外翻边、嵌边；下摆：平下摆、圆下摆；领型：尖领角、方领角、圆领角；袖型：平袖、圆装袖、插肩袖等。

任务三　裁　剪

女衬衫的铺料与裁剪同男衬衫的铺料与裁剪工艺相同。女衬衫排料图及工艺与质量要求如下表。

工艺操作方法与要求	操作示意图	质量要求
1. 检查样板的款式、数量、规格是否与款式图（样衣）相符 2. 根据样板裁片丝缕要求应与面料的经纬向相符，要把所有裁片样板紧密排料 3. 紧贴裁片样板把外轮廓及定位标记画在布料上 4. 对准画线裁剪，不能有缺口或锯齿形 5. 缝制标记、对位眼刀等要准确，眼刀不能超过 0.5cm 6. 画样时画粉的颜色要接近于布料的颜色	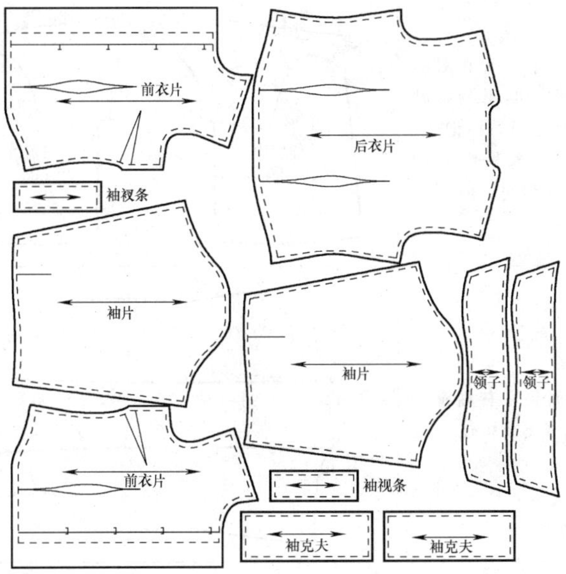 前衣片　后衣片　袖视条　袖片　袖片　领子　领子　前衣片　袖视条　袖克夫　袖克夫	1. 裁片规格要符合成衣规格，零部件、衬等裁配准确 2. 排料紧密合理，裁片丝缕正确，数量准确，左右对称 3. 缝制标记准确，眼刀深浅不能超过 0.5cm 4. 有条格的布料在画样时要注意对条对格

任务四　样衣制作

女衬衫的样衣缝制工艺共有 20 道工序。缝制过程中要求各部位缝制线路整齐、牢固、平服；上下线松紧适宜，无跳线、断线，起落针处应有回针；领子平服，领面、里、衬松紧适宜，领尖不反翘；缝袖圆顺，吃势均匀，两袖前后基本一致；锁眼定位准确，大小适宜，两头封口；开眼无绽线；商标位置端正；号型标志、成分含量标志、洗涤标志准确清晰，位置端正；成品中不得含有金属针。具体制作工序、制作工艺操作方法及要求如下。

一、粘衬（领子、袖克夫）

序号	工艺操作方法及要求	操作图示	质量标准
1	1. 粘合领片丝缕放正，粘烫时不要将熨斗在衬上移来移去，而应用力垂直向下压烫，以防止衣片或部件造型走样 2. 粘衬时要有序，熨斗从一端走向另一端或从中间依次向四周粘合，以防漏烫起泡 3. 粘衬后要待充分冷却后再移动，避免不必要的卷曲或折叠，防止产生脱胶起泡现象 4. 袖克夫粘衬要平服，粘烫时不要将熨斗在衬上推来推去，而应用力垂直向下压烫，以防止部位造型走样	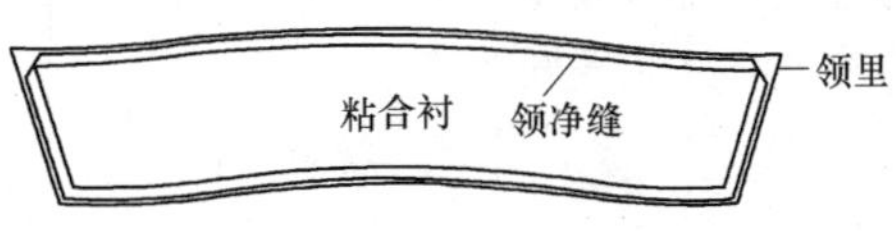 粘合衬　领净缝　领里	1. 粘衬平服、牢固，不脱落、不起泡 2. 粘衬部位正确，丝缕顺直、不走样

二、缉胸省及缉腰节省

序号	工艺操作方法及要求	操 作 图 示	质量标准
1	缉省时应左右衣片相对制作,预防顺片。如:缉胸省时要对准上下两层眼刀标记,正面相叠,右片由省根缉向省尖,左片由省尖缉向省根	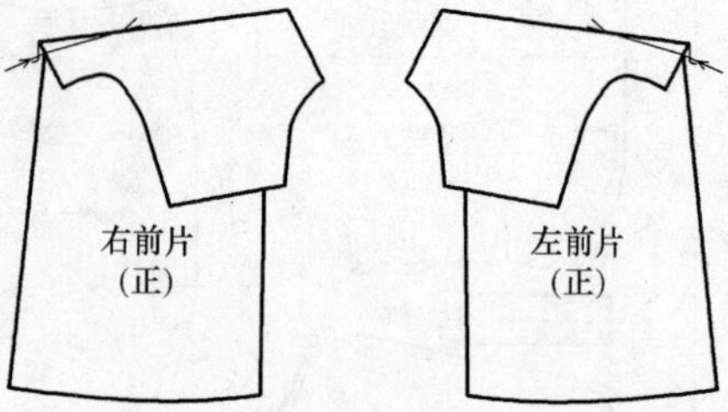 右前片(正)　左前片(正)	1. 缉省时,由省根向省尖缉线,省尖要尖,左右省的省长要一致,缉线中不许接线。胸省倒向领圈,腰节省倒向前门襟 2. 省线顺直,省尖无褶,左右两片省的长度应一致,位置对称
2	缉腰节省时要左右对应缉线,省尖处缉线不能缉过	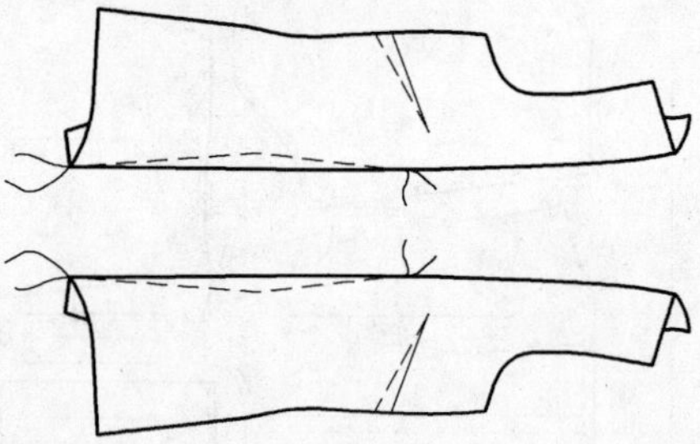	

三、烫省,烫门里襟挂面,缝合肩缝

序号	工艺操作方法及要求	操 作 图 示	质量标准
1	烫省时下垫布馒头由省根烫向省尖,省尖部位的胖势要烫散,以防省尖处有打褶现象		烫省时省尖部位的胖势要烫散,不可有皱褶现象
2	烫门里襟挂面时,左右衣片反面朝上,门里襟相对,由领口向底边熨烫	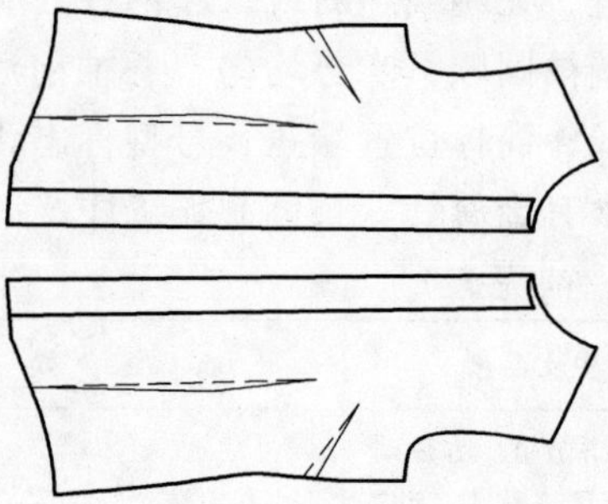	烫门里襟挂面时要顺直,压烫平服,左右长短一致;扣烫门里襟时应注意左右衣片的长度
3	前后片正面相叠,袖窿、领口对齐,保证领口、袖窿弧线圆顺。吃势放在后片里肩1/3处	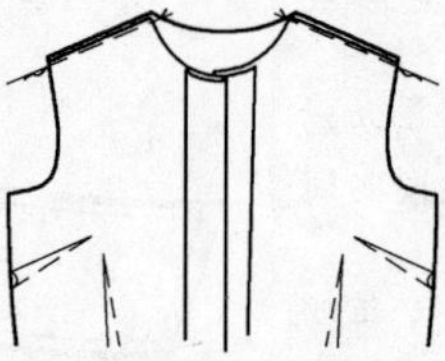	肩缝缉线顺直,不后甩
4	缝合肩缝后两层一起锁边,前片朝上		
5	烫肩缝时缝份倒向后衣片,注意应喷水熨烫		

四、做领

序号	工艺操作方法及要求	操作图示	质量标准
1	核对领样缝领口弧与衣片领口弧的大小,然后在领面的领底线打好剪口 5 个,依次是:挂面领圈打剪口、左颈侧点、后中点、右颈侧点、挂面领圈打剪口	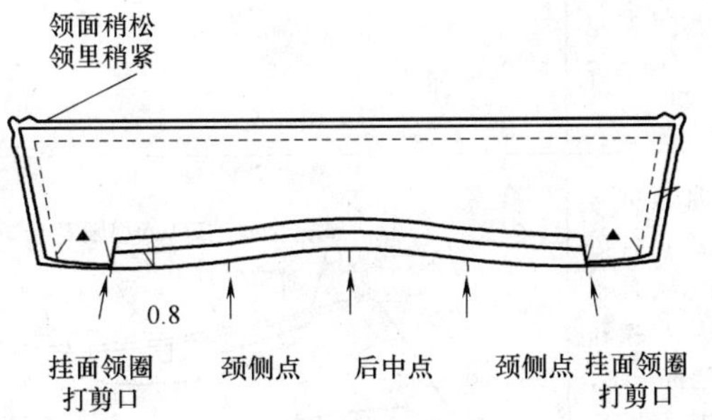 领面稍松 领里稍紧 0.8 挂面领圈打剪口　颈侧点　后中点　颈侧点　挂面领圈打剪口	
2	缝合领里、领面时需正与正相对,按领里的净缝 0.8cm 缉线,缉领角时领面要加吃势量,领里稍紧,以使领角产生自然窝势,即自然向领里卷曲,注意领角处不能缺针和过针	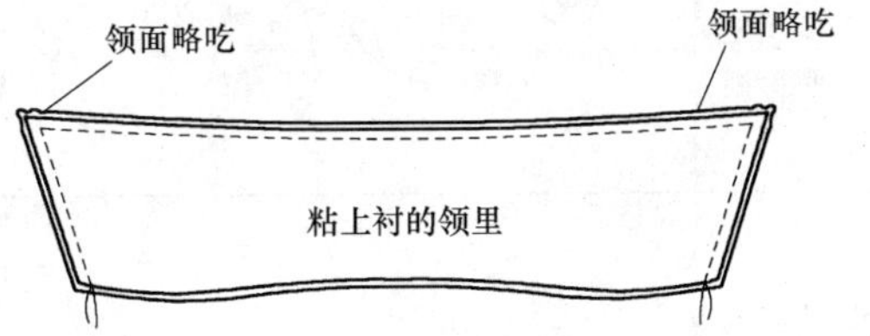 领面略吃　　领面略吃 粘上衬的领里	1. 领头、领角对称一致,领子对合,上下止口弯度一致 2. 领面领里松紧适宜,领里不反吐 3. 缉线顺直,领角里外窝服
3	修剪领角衬时,为减少领角的厚度,可将领角的缝头适当修去	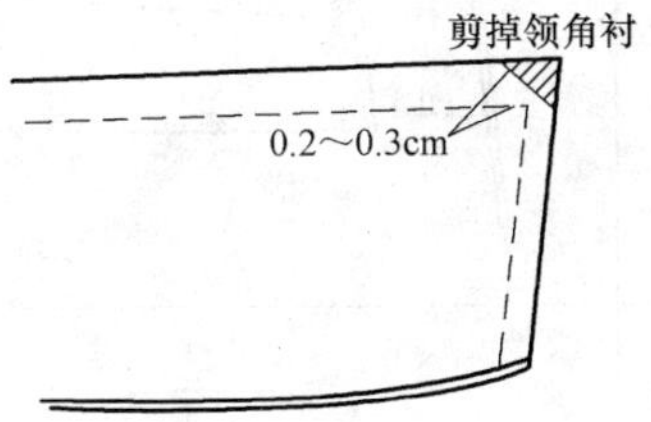 剪掉领角衬 0.2~0.3cm	
4	修剪领头缝份、扣烫缝份时,领角处缝份要修小,领里缝份修剪至 0.3cm,然后扣烫领里缝份,要边烫边折转,注意领角要折尖,确保两领角对称一致	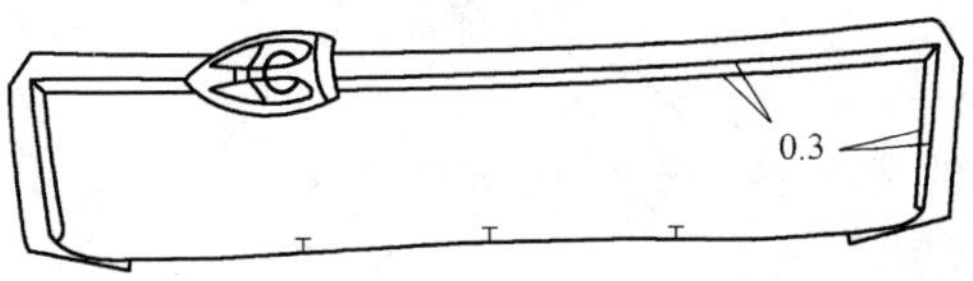 0.3	
5	翻烫领头时,用大拇指按住领角,把领子翻到正面,再扣烫领子止口并烫出里外匀,以防领角处领里反吐	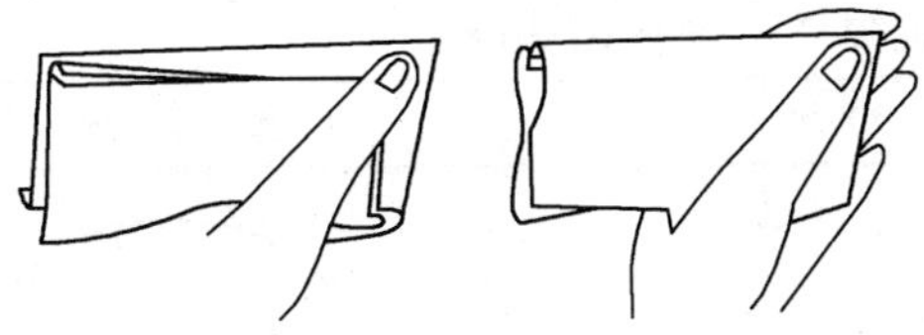	
6	领头对折,检查领角左右是否对称,最后将领面朝上,沿领子止口车缝出 0.2cm 明线	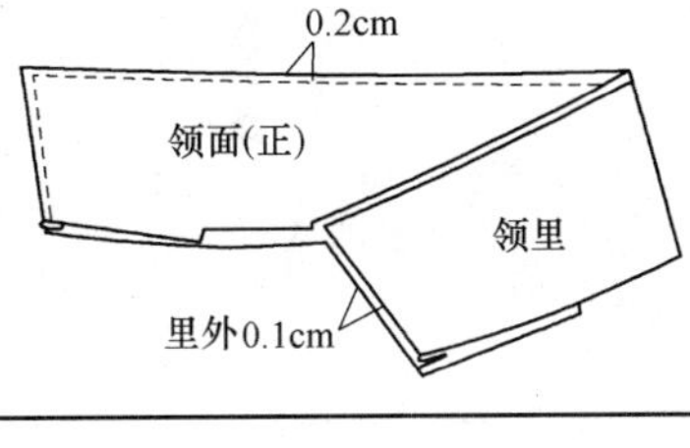 0.2cm 领面(正) 领里 里外0.1cm	

五、装领

序号	工艺操作方法及要求	操 作 图 示	质量标准
1	装领前要先检查并(测量)核对领圈与领口的大小是否一致		
2	装领时将领里与衣片正面相对,各对位点(后中点、装领点)对准,从左襟开始按1cm缝份车缝,缝至距离挂面里口1cm处,上下四层剪眼刀,眼刀深度不超过0.5cm,不要剪断线,以防脱漏	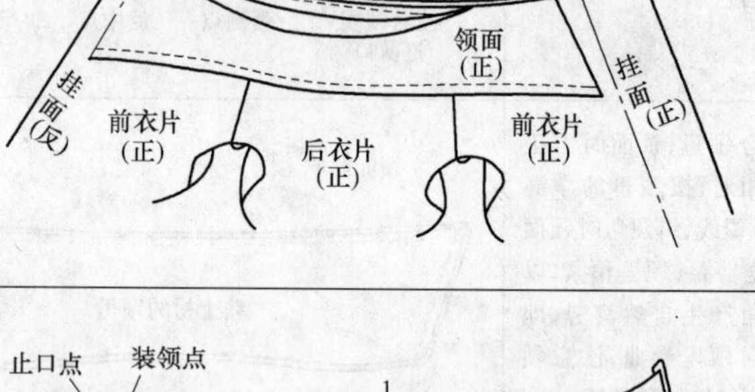 离开挂面里口1cm剪眼刀 样处理 装领眼刀 对肩眼刀 后领中心眼刀 右襟装领与左襟 挂面(反) 前衣片(正) 后衣片(正) 领面(正) 前衣片(正) 挂面(正)	1. 装领平服,缝线顺直,不偏斜 2. 领口无拉还、打褶现象,无吐止口现象 3. 门里襟预留搭门大小一致,两领角长度一致,左右对称
3	领圈不能缝还或归拢(若领子大于领圈,只需在领圈直丝处稍稍拉伸,但斜丝处不能拉伸)	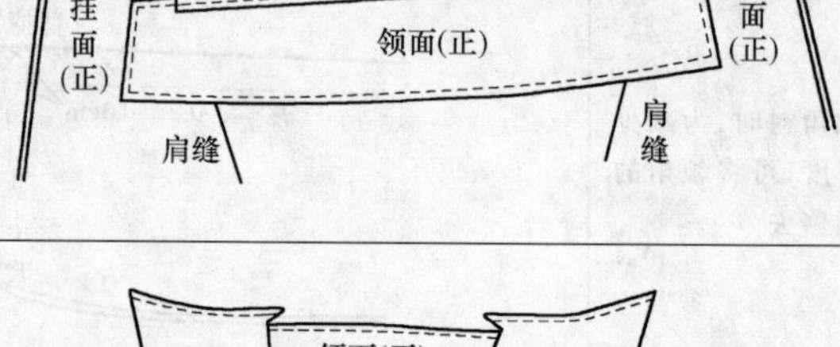 止口点 装领点 挂面(正) 领面(正) 挂面(正) 肩缝 肩缝	
4	压领面时不能露出领里的领底缝合线,车缝线时要注意领面的里外匀、窝势,同时还要注意稍拉下层的领里,推送领面,以防领面不平或起涟	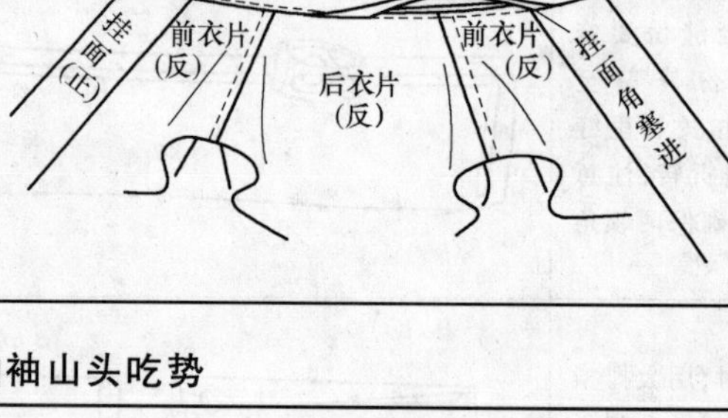 领面(正) 挂面(正) 前衣片(反) 后衣片(反) 前衣片(反) 挂面角塞进	

六、做袖衩,装袖衩,抽袖山头吃势

序号	工艺操作方法及要求	操 作 图 示	质量标准
1	剪袖衩时要距开口止点0.1cm,防止衩口顶端毛露	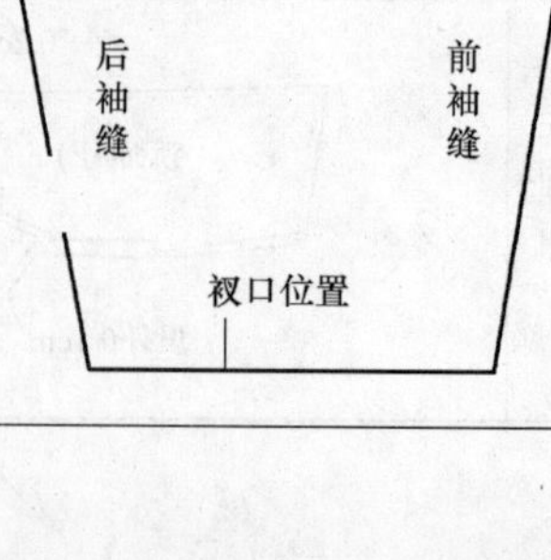 后袖缝 前袖缝 衩口位置	1. 扣烫袖衩要顺直,缝袖衩顺直,衩口顶端无折角、无毛露 2. 袖山抽吃势饱满,抽褶均匀,不起皱

（续）

序号	工艺操作方法及要求	操作图示	质量标准
2	扣烫袖衩条时,止口要顺直,袖衩里坐缝0.1cm	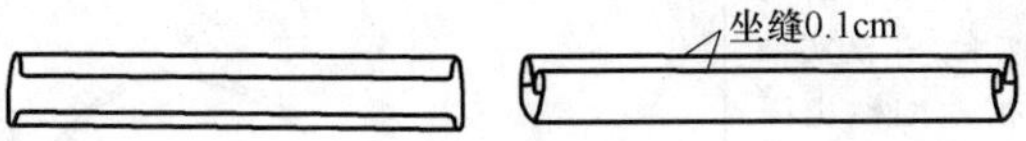 坐缝0.1cm	
3	缉袖衩转弯处袖子缝头0.3cm,以防转弯处打折或毛出	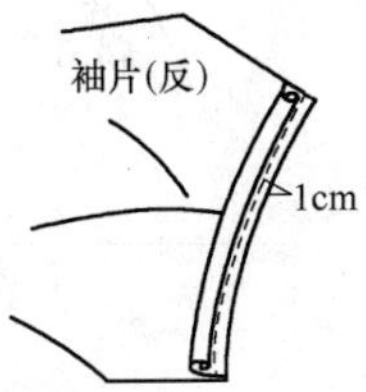 袖片(反) 1cm	
4	压袖衩明线时应在袖子正面,注意不能缉住反面袖衩,袖衩不能有涟形(或用夹缉的方法)	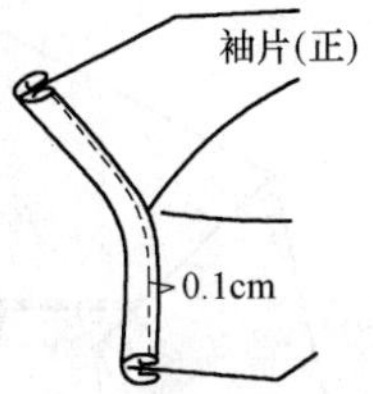 袖片(正) 0.1cm	1. 扣烫袖衩要顺直,缉袖衩顺直,衩口顶端无折角、无毛露 2. 袖山抽吃势饱满,抽褶均匀,不起皱
5	封袖衩时,袖衩转弯处向袖衩外口斜下1cm缉来回针	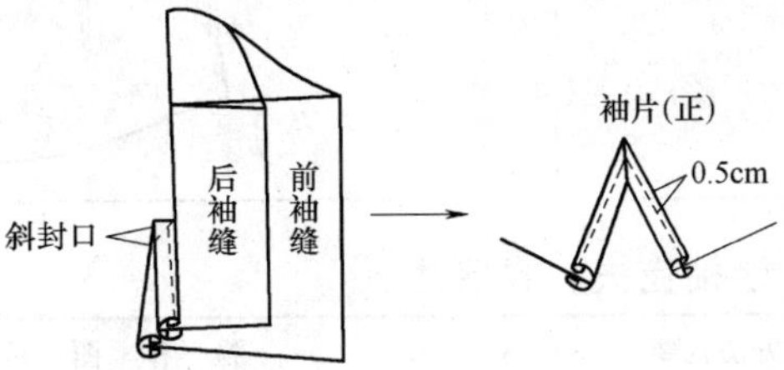 后袖缝 前袖缝 斜封口 袖片(正) 0.5cm	
6	抽袖山头吃势时针码放大,离袖山边缘0.5cm用稀针距缉线后,在袖山头眼刀左右一段横丝绺处略少抽些,斜丝绺部位抽拢稍多些,袖山头向下一段少抽,袖底部位不抽线(或根据面料性质厚薄抽吃势量)	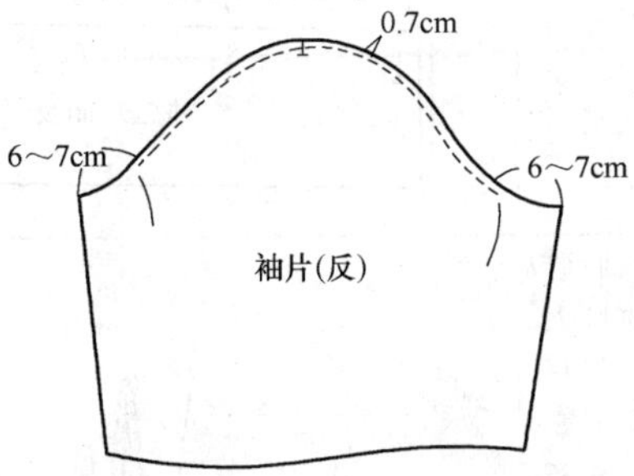 0.7cm 6~7cm 6~7cm 袖片(反)	

七、装袖，缝合袖底缝，缝合摆缝

序号	工艺操作方法及要求	操 作 图 示	质量标准
1	检查袖片与衣片的对应点是否吻合，并核实袖窿长度与袖片的袖山弧长度（抽袖山头吃势后）是否一致。袖子放上层，大身放下层（或大身放上层，袖子放下层），然后正面相叠缉线，袖山头眼刀对准肩缝，肩缝朝后身坐倒	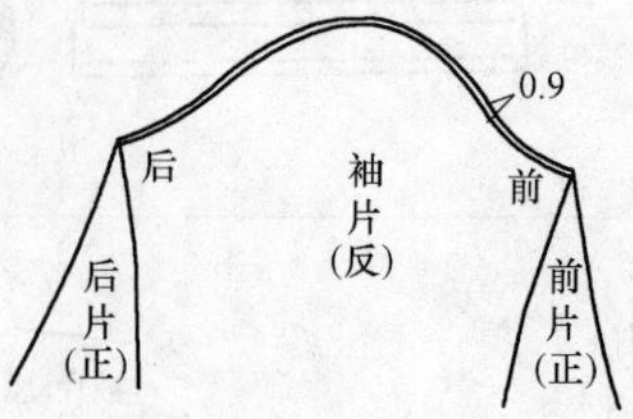 后 袖片（反） 前 0.9 后片（正） 前片（正）	
2	袖窿锁边时，衣片要放在上层		1. 装袖吃势均匀，袖山圆顺，两袖前后准确、对称。
3	缝合摆缝和袖底缝时，前衣片放上层，后衣片放下层。右身从袖口向下摆方向缝合，左身从下摆向袖口方向缝合，前后衣片正面相叠，袖底缝、侧缝对齐，袖底十字缝对齐，上下层松紧一致，最后前片放上层锁边，缝份向后片倒（或用五线扒衣机）	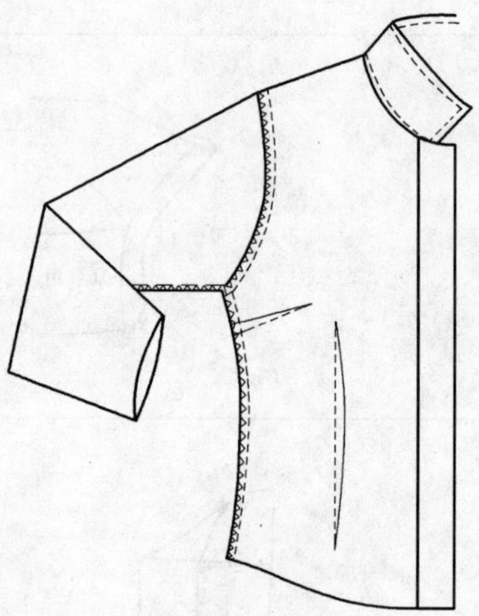	2. 缉线顺直，袖底十字缝对齐

八、做袖克夫，装袖克夫，卷底边

序号	工艺操作方法及要求	操 作 图 示	质量标准
1	先将粘好衬的袖克夫面缝份折烫 1cm，然后正面相叠车缝两端，两头缉线顺直。翻烫时先将角部剪去，再翻至正面，整理两端角至方正，最后压烫，核对袖克夫尺寸	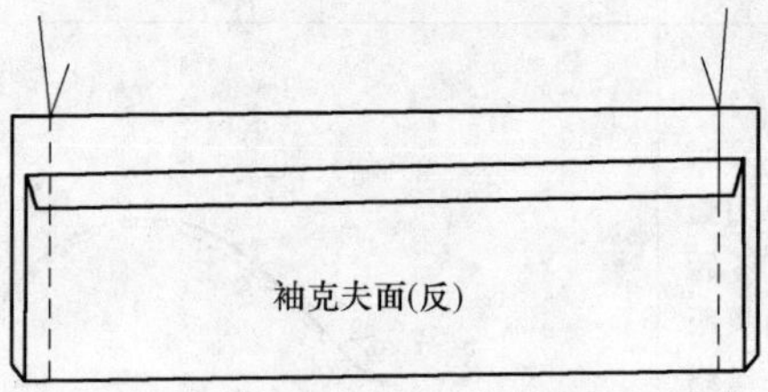 袖克夫面(反)	1. 袖克夫左右宽窄一致，长度一致，袖头两边夹里不倒吐
2	袖口褶裥倒向后袖；装袖克夫时要校准袖口大小与袖克夫长短；装袖克夫时要注意袖衩两端必须与袖克夫两头放齐（注：锁眼一边需将袖衩折起来装袖克夫）	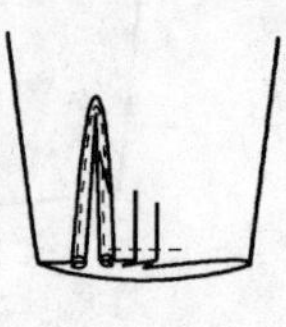	2. 袖口抽细裥均匀，两袖对称 3. 底边明线顺直，宽窄一致

（续）

序号	工艺操作方法及要求	操作图示	质量标准
3	缉袖克夫明线时，袖头翻正，两边夹里不能倒吐，袖衩两端塞齐，如果袖头用夹缉方法，反面坐缝不能超过0.3cm	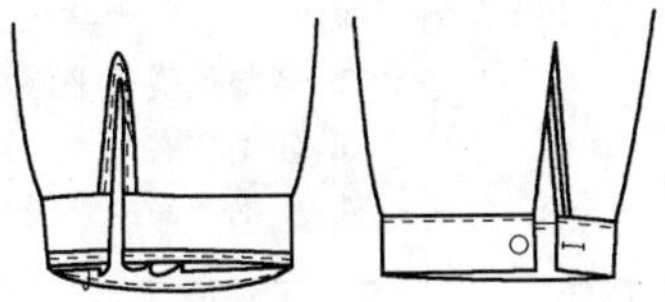	1. 袖克夫左右宽窄一致，长度一致，袖头两边夹里不倒吐 2. 袖口抽细裥均匀，两袖对称 3. 底边明线顺直，宽窄一致松紧适宜 4. 卷底边后，门里襟长度要一致
4	卷底边时，面料的折扣量等于卷边量。如果是中厚型面料，折扣量要小于卷边量		

九、锁扣眼，钉纽扣，剪线头

序号	工艺操作方法及要求	操作图示	质量标准
1	1. 扣眼大小根据纽扣的直径加厚度决定，前止扣锁平头扣眼5个，两袖克夫门襟居中各1个，共7个（有条件可用锁眼机） 2. 钉扣时用双线，从衣料上面起针，线结藏在纽扣下面（有条件可用钉扣机）	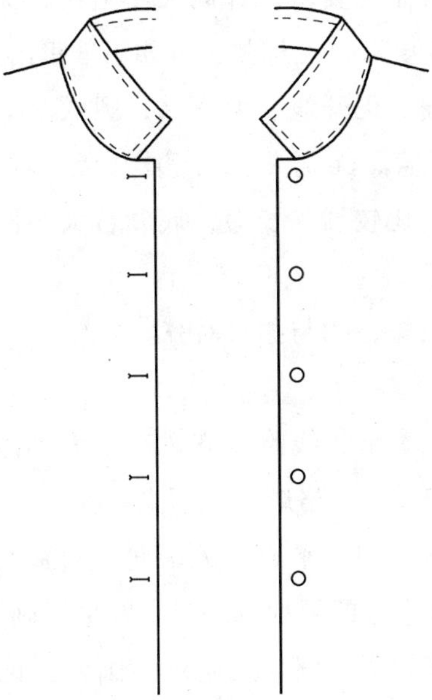	1. 锁眼针距均匀，起针宽窄一致，锁到尾部时，要与起针对齐，无脱线 2. 钉扣时缝线要松紧适宜，钉扣要平服
2	把多余的线头清剪干净，使衣服整体效果美观		

任务五 整 烫

序号	项 目	具 体 要 求
1	熨烫工具选择	蒸汽电熨斗
2	工艺操作方法与要求	1. 三分做，七分烫 2. 整烫顺序：袖头、袖子、左右前片、袖窿和底边 3. 外观：整烫平服，两领尖对称，无漏烫，折叠端正，前边顺直。领弧圆顺对称，商标端正不歪斜，过肩对称，领旁无吃势，口袋边平服，袖头端正，面料表面无杂点。不能露纸板，不能露纸领条 4. 内在：各部位平服，无漏烫，线迹无吃势，无油脏，无线头，侧缝对称，下摆平服无打绺，折叠要端正

（续）

序号	项　目	具 体 要 求
3	质量要求	1. 整件衣服无脏污、无线头、无极光 2. 各部位熨烫平服、整洁、无烫黄、水渍及亮光 3. 领型左右基本一致,折叠端正 4. 一批产品的整烫折叠规格应保持一致

任务六　成品检验

一、正面检验

（1）看上领明线宽窄，线路整齐，针码大小，无跳线、无开线。领面无起泡，无吃纵、无粗纱、无疵点，条格顺直，领尖对称。

（2）门襟边符合工艺要求，针码大小适中，无吃纵、无跳线、无开线、无下坑，宽窄一致。钉扣符合工艺要求，无掉扣，钉扣不准里出外进。

（3）上袖无毛露、无开线、无吃纵，圆顺。把袖子掏出，埋夹不毛露、无开线、无吃纵，直至下摆边要平直，无吃纵、无毛露、无下坑。

（4）领子对折，比较领尖长短，底领台大小圆度符合要求，夹领宽窄一致。上平领子不歪斜，商标端正等。

（5）比门里襟长短，扣与扣眼对齐。

二、反面检验

（1）看上领明线宽窄，线路整齐，针码大小适中，无跳线、无开线。领面无起泡，无吃纵、无粗纱、无疵点，条格顺直，领尖对称。

（2）商标不歪斜，四角平直，无漏角，钉商标针码符合工艺要求，无开线、无下坑、无眼皮、无反线，有小号的要检查小号，规格正确，钉得要牢固。

（3）上袖无毛露、无开线、无吃纵，圆顺。把袖子掏出，埋夹无毛露、无开线、无吃纵，直至下摆边要平直，无吃纵、无毛露、无下坑。

（4）门襟边符合工艺要求，针码大小适中，无吃纵、无跳线、无开线、无下坑，宽窄一致，钉扣符合工艺要求，无掉扣，钉扣不准里出外进。

（5）袖花的宽窄一致，绣花三角居中，封口要标准，绣花、眼皮要均匀，无毛露、无下坑，条格面料要顺条，绣花有扣眼的要检查扣眼是否对正。

（6）袖口对折，圆头大小一致，圆头要圆顺，眼皮大小准确，线路整齐，袖口面里松度适中，两只袖口袖折距离一致。

（7）把袖子抻直，肩面、袖窿面、埋夹面无开线、无下坑、无跳针。

（8）底摆无开线、无吃纵、无毛露、无下坑、不打缕。

（9）按照缝制规定检验，针距密度符合要求。

项目成果评价

女衬衫制作工艺评分标准

项目	评 分 标 准	扣 分 规 定	分值	得分	教师审阅
领	1. 领尖、领角对称,自然窝服 2. 绱领位置准确,方法正确 3. 领面平服,缉线顺直,宽窄一致 4. 领面粘衬平整、不起泡	1. 领尖、领角不对称、不窝服扣8分 2. 绱领位置不准确,方法不正确扣8分 3. 领面不平服扣3分,缉线不顺直,宽窄不一致扣3分 4. 领面粘衬不平整、起泡扣3分	25分		
袖	1. 绱袖圆顺,吃势均匀 2. 对位准确,无死褶 3. 袖头符合规格、左右对称 4. 袖口握边平服、无毛露、缉线顺直	1. 绱袖不圆顺、吃势不均匀扣5分 2. 对位不准确,有死褶扣4分 3. 袖头不符合规格、左右不对称扣4分 4. 袖口握边不平服、有毛露、缉线不顺直扣5分	18分		
门襟	1. 门襟长短一致、不拧不皱 2. 明褶贴边(翻吊边)宽度均匀一致 3. 乳间细褶位置正确、对称 4. 扣眼位、钉扣位置正确	1. 门襟长短不一致、起皱扣4分 2. 明褶贴边(翻吊边)宽度不均匀扣4分 3. 乳间细褶位置不正确、不对称扣4分 4. 锁眼、钉扣位置不正确扣4分	16分		
侧缝	袖底十字缝对齐,线迹顺直,无死褶	袖底十字缝没对齐,线迹不顺直,有死褶扣5分	5分		
下摆	1. 起落针回针,折边宽度一致,缉线(弧线)顺直,止口顺直 2. 两端平齐,中间不皱不拧	1. 起落针不回针,折边宽度不一致,缉线(弧线)不顺直,止口不顺直扣3分 2. 两端不平齐,中间起皱扣3分	6分		
规格	1. 衣长误差范围±1cm 2. 袖长误差范围±1cm 3. 胸围误差范围±1cm 4. 腰围误差范围±1cm 5. 肩宽误差范围±0.5cm 6. 袖口误差范围±0.5cm	1. 衣长超过误差范围扣2分 2. 袖长超过误差范围扣2分 3. 胸围超过误差范围扣2分 4. 腰围超过误差范围扣2分 5. 肩宽超过误差范围扣2分 6. 袖口超过误差范围扣2分	12分		
缝纫线路	1. 线路牢固 2. 缝纫线路顺直 3. 面、底线松紧适宜 4. 回针线路重合一致 5. 面线无接线 6. 整件无漏缝	根据缝纫线路各项情况适当扣分	5分		
整烫	1. 熨烫平整、挺括,烫迹线正确对称 2. 表面无极光、无烫焦、无烫黄	根据整烫质量适当扣分	6分		
外观质量	1. 无线头 2. 无油迹、粉迹 3. 缉线部位顺直、美观、整齐 4. 无线头,外表整洁、平服	根据外观各项质量适当扣分	7分		
合计			100分		

55

练一练

　　尝试制作一件女衬衫（款式、规格不限）。

　　训练任务：①设计款式图；②写出制作工艺流程；③按照女衬衫工艺操作方法与要求进行检验；④组织服装展评活动。

温馨提示　　衬衫的款式变化繁多，随着时代潮流的变化不断翻新，几乎每年都有新颖款式问世。女衬衫从整体造型来看有宽松型、适身型、紧身型。衣身有长有短，也可在衣身的各个部位作竖向、横向、斜向的分割。衣领可以是无领、立领、塌领，领子可大可小，领角可圆、方、尖。衣袖有无袖、插肩袖、圆装袖等。

拓展训练

　　参考制作坦领

　　1. 款式图

坦领女短袖衬衫

　　2. 制作工艺

　（1）将领子布条对折扣烫，然后叠折固定。

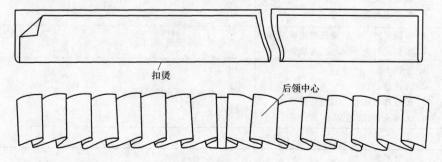

扣烫　　　　　　　　　　后领中心

（2）将荷叶边缉压到领里上，缝份为 0.8cm，然后将领里与领面缝合（领面略有吃势），缝份 1cm，然后清剪领面与领里的缝份（除圆角处清剪为 0.3～0.5cm 以外，其余为 0.5cm）。

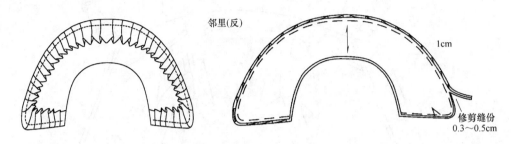

（3）翻转领面、领里后将荷叶边整理成型，在外领口弧线上缉压 0.1～0.15cm 的明线，然后将领面、领里的领底弧线车缝固定。

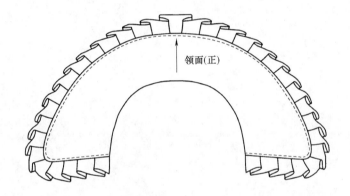

（4）将领子与衣片五点对齐（两个装领止点、两个肩点、一个后领中心点），拼合领子及领圈，缝份 0.7～0.8cm，然后将衣片、领子、后领贴边三层一起剪眼刀。

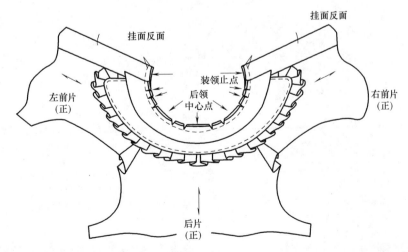

（5）将领片翻出后，在后领贴边上缉压 0.2～0.3cm 的明线（注意起针和收针从装领止口处进去 1.5cm），然后将领圈贴边用三角针固定。

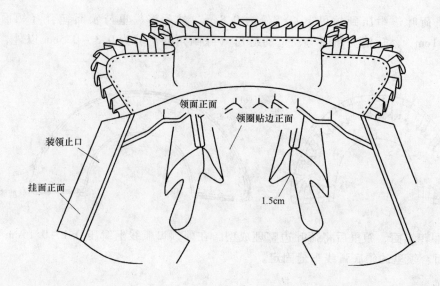

装领止口

挂面正面

领面正面

领圈贴边正面

1.5cm

项目五 制作男衬衫

项目描述

男衬衫能表现出男士内在的魅力和挺拔清洁的形象，与西服、领带搭配是职业男性着衣的首选。普通男士衬衫的社会需求很大，大多数服装企业都有男士衬衫业务。学会普通男士衬衫的制作工艺对提高就业能力会有很大的帮助，因此，普通男士衬衫制作是必须学会的技能。

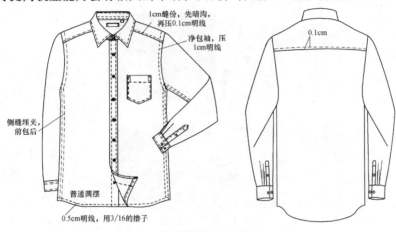

普通男衬衫款式图

项目分析

普通男士衬衫的制作工艺流程为人体测量、临摹款式图、裁剪、样衣制作、整烫、检验6个流程。

实训准备

1. 选择面料

一般内用衬衫衣料多为素色、小圆条格、小点的纯棉织物，时装化的外用衬衫，除棉、麻、丝等天然织物外，也可以选择变化多样的混纺及化纤面料。

2. 参考制作成品规格尺寸表

部位 规格	160/84A	165/88A	170/92A	175/96A	180/100A
衣长	64	68	70	72	74
胸围	84	88	92	96	100
腰围	68	70	72	74	76
肩宽	36	38	40	42	44
袖长	56	60	62	64	66
袖口	21	24	26	28	30

3. 实训设备

电动缝纫机、电动锁边机、电熨斗。

任务一 人体测量

1. 测量工具

软尺，每位学生一根。

2. 测量的部位及要求

序号	部位	测量图示	测量要求
1	领围	 a) 量体图  b) 量衬衫图	1. 将软尺竖起置于喉结下，水平围量一圈，并且在软尺和身体中间放一个手指，这样会使被测量者穿着更舒适 2. 也可以直接测量被测量者最合适的衬衫领围，从扣洞的中心点量到纽扣的中心点
2	袖长	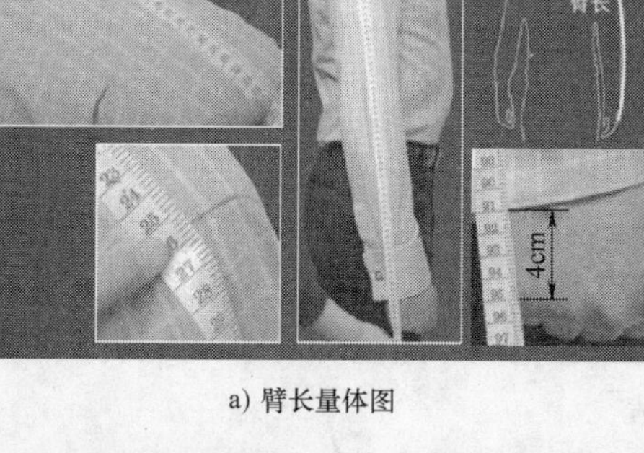 a) 臂长量体图 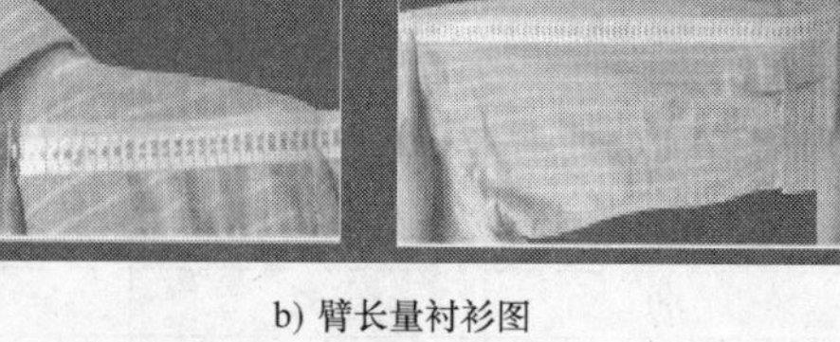 b) 臂长量衬衫图	1. 臂长量体图 要测量被测量者的臂长时，被测量者首先应挺胸站直，手臂垂直向下伸直并握拳，然后测量 1) 先从后领中量到袖子的拼缝处，这个拼缝处应该在肩点处 2) 再从肩缝量到握拳后小手指指根 3) 测量出的数值减去4cm就是衬衫的臂长 2. 臂长量衬衫图 1) 先从后领中量到袖子的拼缝处 2) 从肩拼接处量到袖口处 3) 测量出的数值就是被测量者的臂长。也可以根据被测量者的需要，加长或减少量到的被测量者的臂长尺寸

（续）

序号	部位	测 量 图 示	测 量 要 求
3	其他		1. 胸围：从衬衣腋下平行绕量一圈的尺寸 2. 肩宽：从左肩与袖身缝合的最高点量至右肩与袖身缝合最高点之间的尺寸 3. 后衣长：从颈后中心垂直测量到下摆底边之间的尺寸

3. 测量数据记录表

姓名	部位	衣长	胸围	肩宽	领围	袖长
×××	规格					

知识链接

一、男上装部位、部件名称术语

（1）后过肩：也叫后育克，指连接后衣片与肩缝的部位。

（2）背缝：是指后身人体中线位置的衣片合缝。

（3）背衩：也叫背开衩，是在背缝下部的开衩。

（4）摆衩：又叫侧摆衩，是侧摆缝下部的开衩。

（5）后搭门：指门里襟开在后背处的搭门。

（6）前过肩：连接前身与肩缝的部件，也叫前育克。

（7）翻门襟：外翻的门襟贴边。

二、男衬衫常用工艺操作术语

（1）修片：修剪毛坯裁片

（2）缉省缝：省缝折合机缉缝合

（3）夹翻领：翻领夹进底领机缉缝合

（4）缉明线：机缉服装表面线迹

（5）合袖头：袖头面、里机缉缝合

（6）翻袖头：将兜缉的袖头面翻出

（7）坐倒缝：缝子缉好后，毛缝单边坐倒

（8）坐缉缝：毛缝单边坐倒，正面压一道明线

任务二 临摹款式图

临摹各种类型的男衬衫款式图，最终能独立绘制衬衫款式图。

要求：绘制款式图各部位比例正确，符合设计基本要素。正、背面的图示足以体现客户的要求。

> **温馨提示：**在绘制款式图时应注意各款式的放松度：适身型、合体型、宽松型；门襟：外翻边、嵌边；下摆：平下摆、圆下摆；领型：尖领角、方领角；袖型：平袖、圆装袖、插肩袖；袖衩：宝剑袖衩、方袖衩等。

任务三　裁　剪

男衬衫的铺料与裁剪工艺共有 6 道工序，分别为划板、检验、拉布、割刀、裁衬、压衬。裁剪过程中要求核实样板数是否与裁剪通知单相符；各部位纱向按样板所示；各部位钉眼、剪口按样板所示；钉眼位置准确，上、下层不得超过 0.2cm；打号清晰，位置适宜，成品不得漏号。具体制作工序、制作工艺操作方法与要求、质量标准见下表。

序号	工序	工艺操作方法与要求	质量标准
1	划板	1. 首先看好计划单、工艺单，对样板，掌握面幅情况，选好布料 2. 按工艺要求看好面料正反面，划皮不得占用公差 3. 测量布的拖长，超定额不准使用 4. 划皮有三个指导原则：一是准确性，即工艺准确、规格准确；二是合理性，即排版布局合理；三是节约性 5. 划皮时不能少片或零部件，划完后要自检	1. 有顺向的面料，每一件要求一致，有顺花的要一致，客户有要求的必须按客户要求去做 2. 条格面料，领子、袖头、口袋要对条对格，挂边找主条（其他按工艺要求），两只袖口尽量排在同一水平线上 3. 划皮要求布线清晰，编号清楚，皮面整洁，牙剪、省点要划准确
2	检验	1. 掌握工艺要求，看清工艺，核对样板与工艺规定 2. 根据毛片规格表测量规格，先大部件后小部件	1. 检查各部位件数，有无漏划 2. 按拉布单对面幅进行使用，检查托长及两头端线 3. 凡不符合规格尺寸，排图不合理，部件或多或少，改线过多、乱、不清楚的，退回划皮修改，严重的作为废皮处理
3	拉布	1. 根据拉布报告的要求，首先查清原料、面幅、色号、原料反正面、阴阳条格、层数、皮长 2. 对有绝对反正面或有阴阳条格的面料，提前顺好 3. 拉料要求三面齐一面平，不允许径自弯曲和出现人为的纬斜，格子面料要先裁毛然后挂针 4. 拉料操作时，冲头与压头人员动作要协调，配合要默契 5. 使用后的布头应整齐叠好并记好面料卡	1. 靠身布边齐、上下垂直，幅宽长度要按要求，未经批准不许超出公差 2. 格料按照工艺拉布要求扎针，主条上下垂直 3. 条格料特别是无扎针部位的上下条格要垂直无歪斜
4	割刀	1. 首先查清拖料单标明的件数，要求查清每个部件的衔接，拉料是否合格 2. 所裁部位的刀路必须顺直，上下一致，左右顺好 3. 割刀的操作技巧在于用刀手法，刀路随排图的变化而变化，用刀手法及刀路要顺畅 4. 电刀要润滑正常，刀刃锋利，推刀刀路不要用力过大，走刀速度若超出刀刃的承受力，会造成"拱料"，将料割起来，出现偏刀或跑线 5. 割刀要遵循从右向左的拉刀方向，先外后内，先弧后直，先大身后部件的原则	1. 后背对比互差不大于 ±0.2cm 2. 袖子对比互差不大于 ±0.2cm 3. 第一层与最底层对比互差不大于 ±0.2cm

（续）

序号	工序	工艺操作方法与要求	质量标准
5	裁衬	1. 通常粘合衬上领、下领45°角斜裁,长胶直裁 2. 斜裁按工艺要求,注意区分什么是封压衬、树脂衬、无纺衬、尼龙衬 3. 划线时要掌握用笔的型号,划深面料时铅笔笔可深些。划线不能跑样板,不得走样,裁衬时应走线里侧,将铅笔线割掉	用衬正确,丝绺正确,款式、型号正确,净衬、毛衬区分开
6	压衬	1. 根据所压部位和用衬的不同调适出合适的温度、速度、压力 2. 根据不同面料、不同批次的衬布,生产前做实验,将压衬效果调至最佳方可进行生产,拉力不够或起泡不能进行生产 3. 接片时不能乱号、丢片,更不能将两个订单的衣片混接 4. 保持压衬机周围及机器卫生,下班前半个小时提前降温,并用清洁粉将传动带擦拭干净 5. 待温度降至60~80℃之间后,方可关闭电源和气阀	1. 避免人为起泡,在压活前必须先用测温纸进行测温,温度稳定后方可进行生产 2. 根据不同面料、衬料,调出最佳粘合效果 3. 保持机器及周围卫生,避免出现二次污染 4. 在压衬中,黑白面料要分开压,并且过1~2h做一次实验,防止起泡现象发生 5. 客户有特殊要求的,以客户要求为准

任务四　样衣制作

里衬衫的样衣缝制工艺共有 20 道工序。缝制过程中要求各部位缝制线路整齐、牢固、平服;上下线松紧适宜,无跳线、断线,起落针处应有回针;领子平服,领面、里、衬松紧适宜,领尖不反翘;绱袖圆顺,吃势均匀,两袖前后基本一致;袖头及口袋和衣片的缝合部位均匀、平整、无歪斜;锁眼定位准确,大小适宜,两头封口。开眼无绽线;商标位置端正。号型标志、成分含量标志、洗涤标志准确清晰,位置端正;成品中不得含有金属针。具体制作工序、制作工艺操作方法及要求如下。

一、拉过肩

序号	工艺操作方法及要求	操作图示	质量标准
1	检查机器(专用机)针码密度是否符合工艺要求,并检查过肩面、里、后背三片缝合部位的缝份长短是否一致。两头打回针3~4针	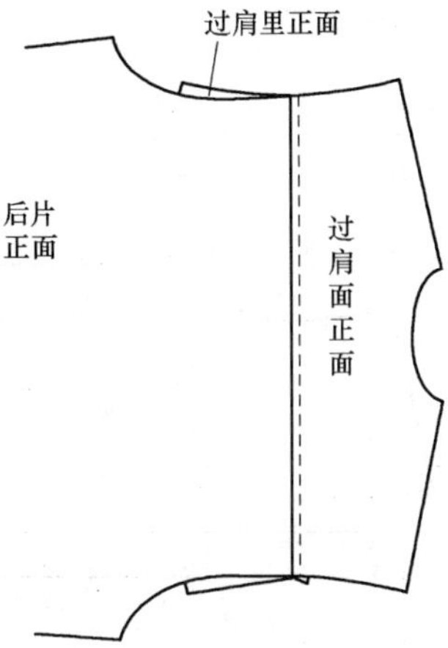 过肩里正面 后片正面　过肩面正面	针码密度适宜,线迹顺直、平挺、不吃纵、缝份一致,条格面料中间部位条纹顺直,如后背有折,其折位应对称,折量符合工艺要求。明线部位不允许接线

二、烫左右门襟，烫里襟

序号	工艺操作方法及要求	操作图示	质量标准
1	右门襟:根据工艺要求,将衣片铺平。找准主条,根据工艺要求依照牙剪口烫折前边	反面	
2	左门襟(挂边):根据工艺要求,将衣片铺平。沿车缝线迹顺势平烫	反面	丝缕顺直、平整,宽窄一致,符合工艺要求,止口平直,条格面料要求条格顺直、不歪斜

三、拉前边工序

序号	工艺操作方法及要求	操作图示	质量标准
1	右门襟:将折烫标准的衣片,自然铺平,按照烫迹缉明线时,折边部位自然放平稍吃。两头打倒针3~4针	反面	符合工艺要求。丝缕顺直,宽窄一致,不打缕。条格面料要求条格顺直,面、底线要松紧适宜,不跳针、不下坑,正面线路要清晰。不允许接线
2	左门襟:根据工艺要求压挂边明线,找准衣片主条,挂边的一边按照此数值对准衣片牙剪口。缉线时衣片放平整、顺直、缝份均匀、稍抻。两侧明线要均匀。两头打倒针3~4针	正面	丝缕顺直,宽窄一致,不打缕,挂边与衣片缝合量均匀,符合工艺要求。条格面料要求条格顺直,门襟主条居中,面、底线要松紧适宜,不跳针、不接线,正面线路要清晰

四、压袋口明线，钉口袋

序号	工艺操作方法及要求	操 作 图 示	质 量 标 准
1	压袋口明线:沿着整烫规范的袋口折边,缉线0.1cm。两头打倒针3～4针	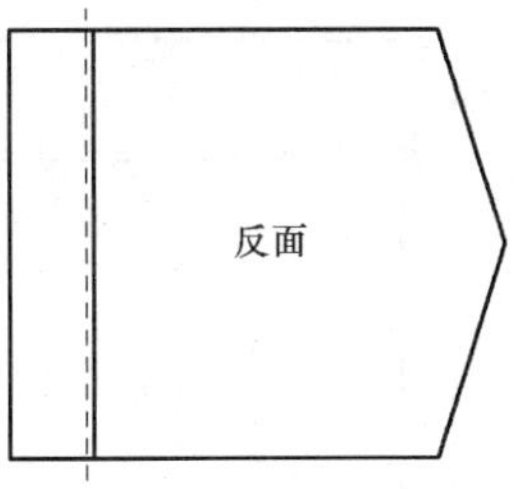 反面	钉口袋应该线路直顺,松紧适宜。正面线路针码清晰美观,密度符合工艺要求,不吃皱。袋口缉宽明线时,左右对称,各部位边角无缺针、跳针、过针现象,面、底线松紧适宜,条格面料要求袋与门襟横对格竖对条。双兜左右对称。不允许接线
2	钉口袋:口袋必须与门襟平行、放正,距门襟和距肩缝尺寸根据工艺要求,从右侧向左侧钉,两头打倒针3～4针	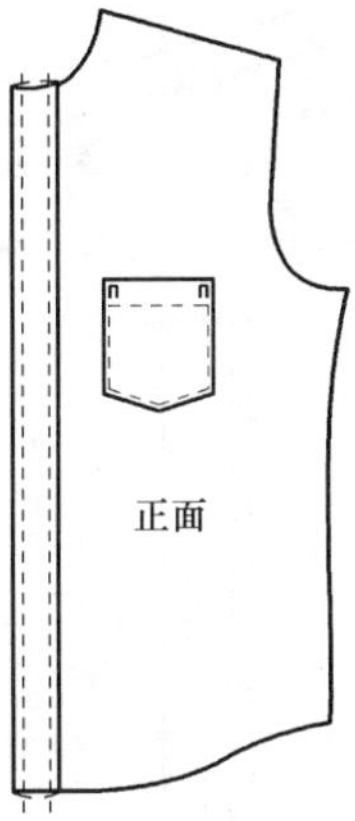 正面	

五、合前肩，压前肩明线

序号	工艺操作方法及要求	操 作 图 示	质 量 标 准
1	合前肩:缝头1cm,手法应前片拉抻后片稍吃,线迹松度、压力适宜,两头打倒针3～4针	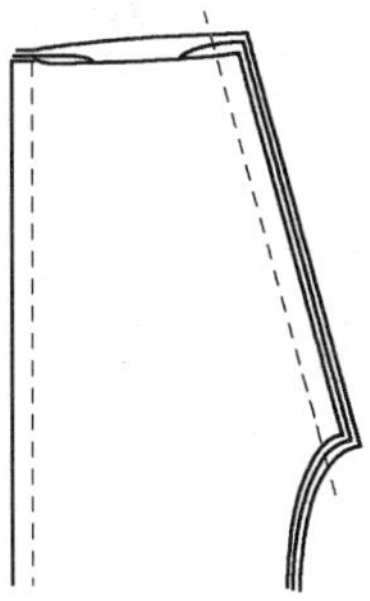	暗线合肩要求缝份一致,线路直顺、平挺。针码密度每厘米(客户没有要求的情况下)不超过4～5针。过肩里面要平服,前后领口拼接处要对整齐
2	压前肩明线:距边压0.1cm明线,不许接线	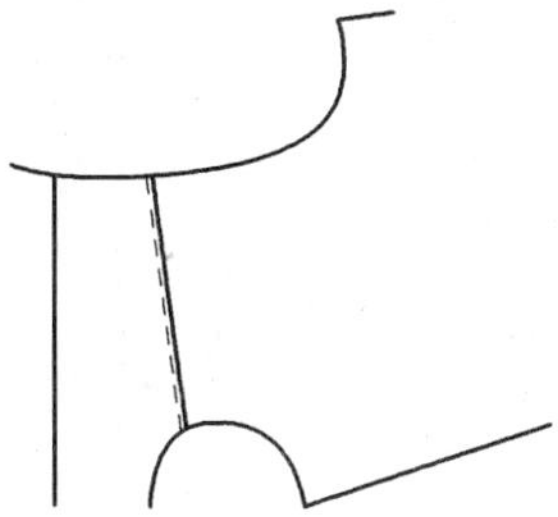	

六、烫口袋，烫大小袖衩

序号	工艺操作方法及要求	操作图示	质量标准
1	烫口袋： （1）条格面料应该先查看口袋裁片的条格是否顺直，是否有纬斜现象。核对口袋条格与衣片上口袋位置的条格是否一致。如果是双口袋款式，左右口袋的条格必须一致 （2）按照工艺要求的宽度及袋口折边参数，用左手折袋口边，按样板扣烫口袋（注意袋口不要起翘），右手持熨斗将折边压倒烫平，一般缝份为1cm宽。烫好后，对袋口折边处的缝份进行清剪，袋口缝份外露	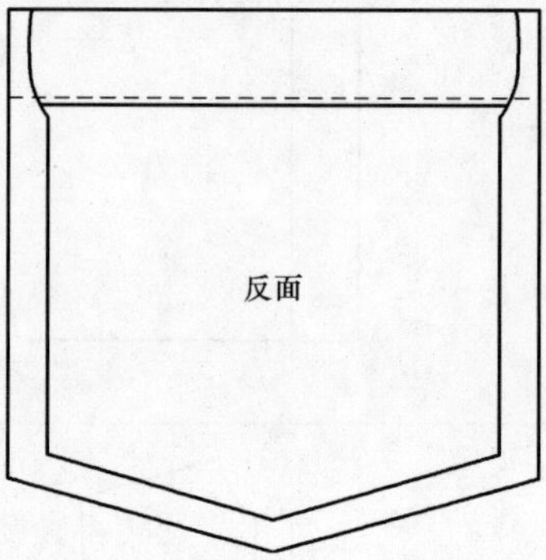 反面	烫好的口袋要上下宽窄一致，三角口袋尖不歪斜，口袋袋口折边要符合工艺要求
2	烫大小袖衩： 掌握经向顺直，顺色、顺号捆扎整齐。按照工艺要求，小袖衩折烫宽度为1cm；大袖衩结长按样板扎准，结长折缝1cm	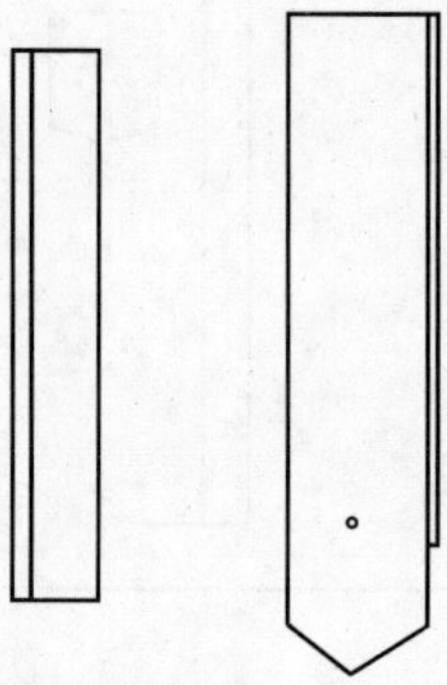	烫好的大小袖衩宽窄、长短及扎眼位置应符合工艺要求。袖衩平整，止口边顺直。袖衩宝剑头处不歪斜

七、上大小袖衩，卷袖山

序号	工艺操作方法及要求	操作图示	质量标准
1	上小袖衩： （1）先将袖开叉顶端打三角剪口，以开叉为中心左右剪开 （2）将袖开叉处小三角与小袖衩固定打倒针，小袖片的端点夹在小袖衩中间，两头打倒针3～4针	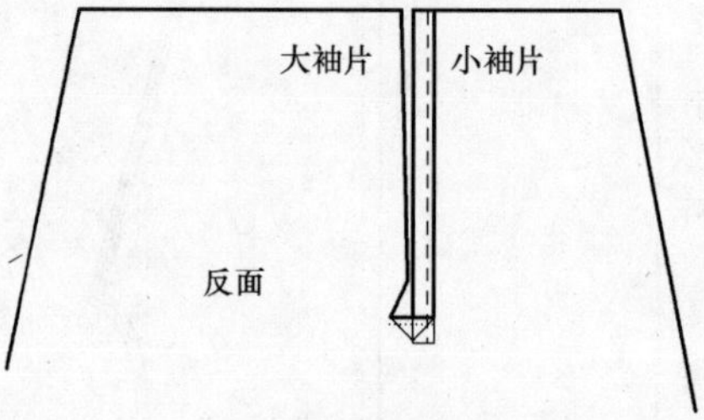 大袖片　小袖片 反面	线迹平挺顺直，正面线迹清晰，面、底线松紧适宜。无毛露、无死褶、无下坑、缝份均匀、针码密度符合工艺要求，条格面料要求条格顺直或对格。不许接线
2	上大袖衩： （1）首先将扣烫好的大袖衩的下层净缝紧贴小袖衩三角剪口，夹入大袖片铺平 （2）沿边缉线0.1cm明线，转缉宝剑头后，将压在下方的小袖衩摆放平整顺直。沿边向下口方向缉至大袖衩封结的水平位置（烫大袖衩时扎眼的标记位置）。横向封结打倒针	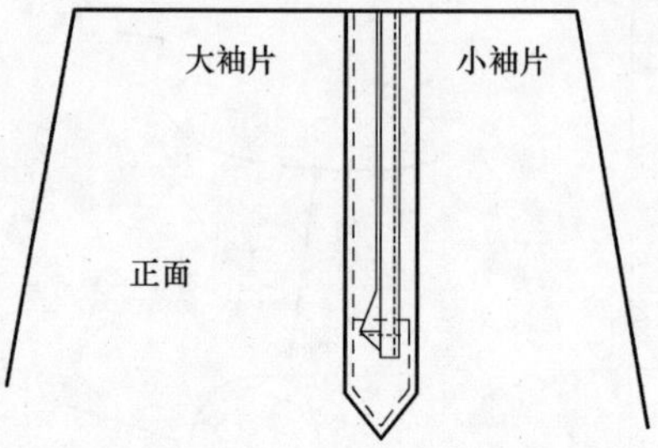 大袖片　小袖片 正面	上大袖花的针码密度要符合工艺要求。线迹顺直、平挺，无缺针、少针，松紧适宜，无毛露，无死褶，无下坑。条格面料要求袖衩与袖片的条格顺直或对格。不许接线

（续）

序号	工艺操作方法及要求	操作图示	质量标准
3	卷袖山:沿袖山弧度卷袖山边,压明线 0.1cm	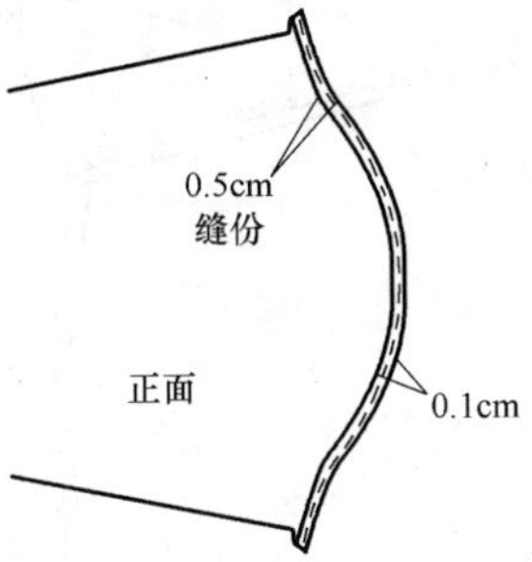 0.5cm 缝份　正面　0.1cm	缝份均匀圆顺、不拉抻,平服自然。不许接线

八、绱袖子

序号	工艺操作方法及要求	操作图示	质量标准
1	净包袖一般袖窿缝头 0.6cm,暗线 18/3cm 针		
2	将袖窿自然铺平,面朝上,右手按住袖山部位,掌握袖山的拉伸、吃量,两片正对正缝合时缝份要均匀,两头打倒针 3~4 针	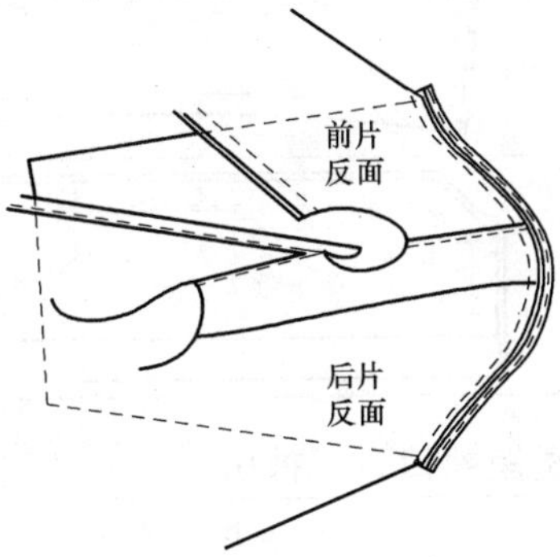 前片反面　后片反面	两袖窿圆顺,无接线处。前后袖窿抻吃均匀,无毛露、无吃纵、不打斜缕。不允许接线

九、压袖窿明线

序号	工艺操作方法及要求	操作图示	质量标准
1	压脚压力和线迹调整至最佳效果。明线宽度按照工艺要求,操作时左手前推,避免起斜缕。两头打倒回针 3~4 针	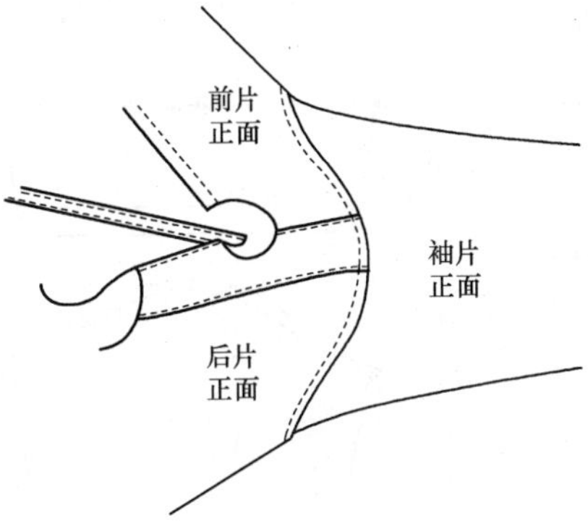 前片正面　袖片正面　后片正面	不允许出现接线、下坑、跳针的现象。明线圆顺无弯曲,针码符合工艺要求,明线部位无抻吃,袖窿底部可稍吃,袖山顶部无吃袖现象,无毛露,不允许接线

十、埋夹包缝

序号	工艺操作方法及要求	操作图示	质量标准
1	一般情况下，前片缝份0.8cm，后片缝份1.8cm。前片包后片操作方法：从袖口起针，右手拿住前袖，左手拿住后袖，正面在外面，将前后袖片塞进撸子，开始缉线。后片包前片则相反。操作时底层应稍抻不吃，保证侧缝同长且无斜皱。掌握缝头进入撸子尺寸，不能出现缝头重叠双层及开头或尾部缝头不均现象	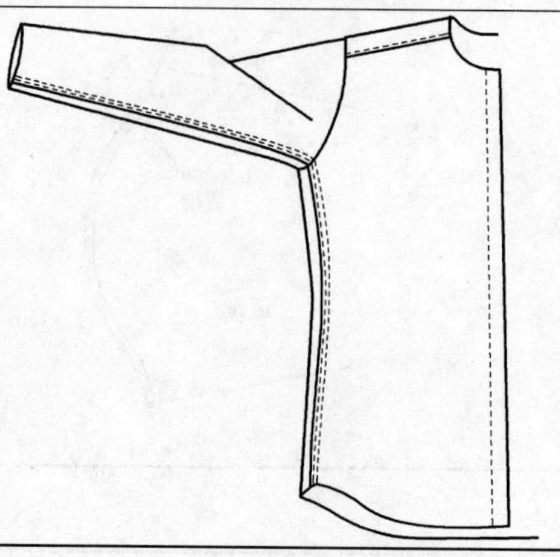	不能打褶、无毛露，下摆处、腋下十字缝及袖底缝要对整齐，针码要符合工艺要求，线迹松紧适宜。腋下十字缝处可接线，其他部位不允许接线

十一、勾上领，勾袖头

序号	工艺操作方法及要求	操作图示	质量标准
1	勾上领：领面放在领里上面，正面对正面摆放平正，使面料丝缕顺直。按照画线沿线中缉线	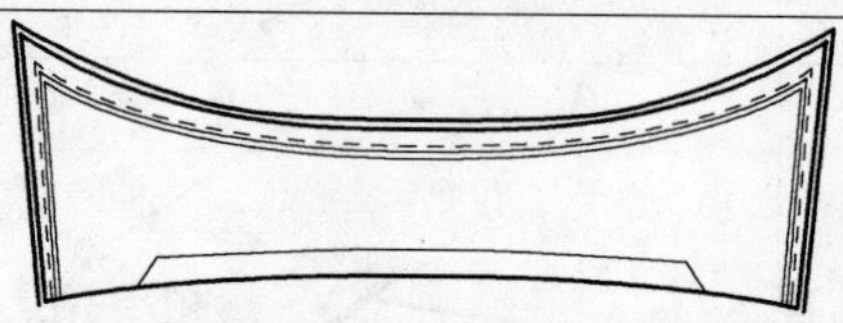	丝缕顺直，缝线要与画线重合。领尖顶点要缉下衬半针，领里要略紧于领面，不能出现抻吃或起泡现象
2	勾袖头：袖头面放在袖头里上面，正面对正面摆放平正，使面料丝缕顺直。袖头衬为净衬打倒针3~4针	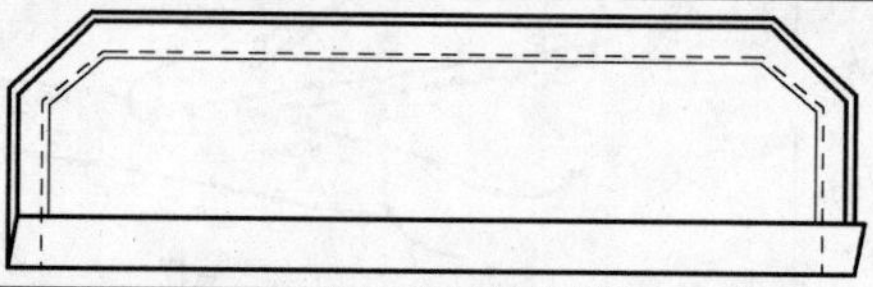	线迹顺直或圆顺，两圆头弧度一致。袖头里子松紧适宜，不起泡。缉线的起始点和终点不得开线、缺针，上下线松紧适宜

十二、翻烫袖头里，折烫短袖口，烫袖山

序号	工艺操作方法及要求	操作图示	质量标准
1	翻烫袖头里：将勾好的袖头正面翻出，袖头里朝上，按标准规范熨烫	 袖头里	翻烫好的袖头不吐里子，不变形，要求左右对称。开口处里子整烫均匀、顺直、整齐
2	折烫短袖口（袖口内握）：将袖片铺平，丝缕顺直，按照工艺要求依据牙剪位置折烫	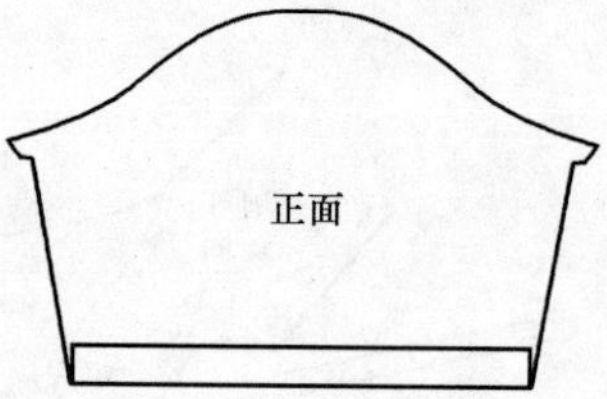 正面	折烫规范、尺寸标准，不允许出现宽窄不匀的现象
3	烫袖山：将卷好后不平服的袖山正面朝上，用熨斗沿缝线部位整烫平服	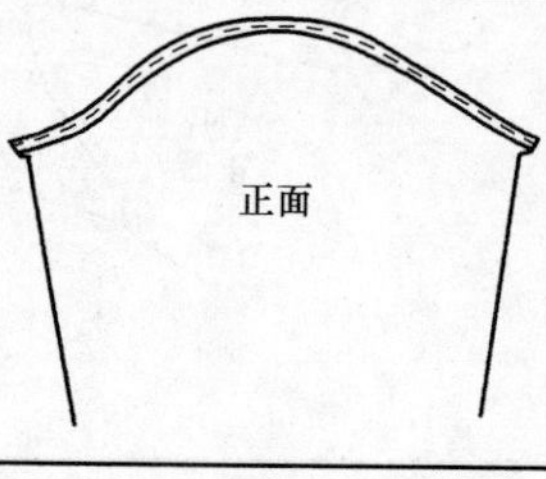 正面	不抻、不吃、自然平整、无死褶

十三、压上领明线，做活领签，压领中线

序号	工艺操作方法及要求	操 作 图 示	质 量 标 准
1	压上领明线： (1)操作前，用左手取领子。领面朝上，右手取插片将插片尖朝前，插至领尖顶端，领衬与勾领子的缝份之间 (2)用左手捏住已放置好领插片的领尖处，将领子平放在机器压脚下缉明线		明线线迹顺直，宽窄一致。符合工艺要求，针码清晰，无接线、出套，两头不得开线，领里丝绺顺直、无反吐，插片顶至领尖处。不允许接线
2	做活领签(一般领签做法)： (1)右手取画好的领签里，左手取领签垫布，两片正面在上，领签垫布放置于领签里下面 (2)右手按住已对齐的领签，左手取符合工艺要求的砂纸条，放在领签里上，开始缉第一道线，断线后缉第二道线	铅笔画线 按照工艺要求 0.1cm	缉线顺直，平服，活领签明线宽窄均匀，宽窄符合工艺要求，不歪斜，左右对称。不允许接线
3	压领中线：操作前，用右手捏住上领，面朝上，左手将底领里铺平，缉线0.1cm(一般情况下)，不打回针	0.1cm明线	正面线迹清晰、均匀，无虚量。不允许接线

十四、固定领下口，撸底领宽明线，夹领

序号	工艺操作方法及要求	操 作 图 示	质 量 标 准
1	固定领下口：将领面朝下，领里朝上放置，大针码固定领下口(缝份小于0.5cm)，领里不抻	领面	领里比领面搓出的缝份均匀，领里平整
2	撸底领宽明线：将底领粘衬面朝下，用右手把与底领下口的缝份紧贴衬的边缘向下扣折，缉线		缉底领宽明线要顺直，缝份要紧贴的边缘扣折，不少衬、不起斜绺。不允许接线
3	夹领：将底领里面正面对正面放平，丝绺顺直，左手取领台样板，将领台样板上的夹领点对准底领衬上的夹领点，然后比齐底领下口，按样板缉线至夹领点时，将上领面朝上夹在底领中间，紧贴夹领点放置准确后缉线(手法：吃上领抻底领，上领和底领弯度不变形，两领台长度及弧度对称、圆顺)。打倒针3～4针		底领领台线迹要圆顺、不反吐，三片缝份对齐，上领吃量均匀。左右领台长短、宽窄完全一致。底领面与里子松紧适度

十五、上领

序号	工艺操作方法及要求	操作图示	质量标准
1	把底领里放在距门襟止口的位置上,且将底领缝份与领窝缝份部分对齐,扎眼三点要分别对准肩缝、后领口中心位置	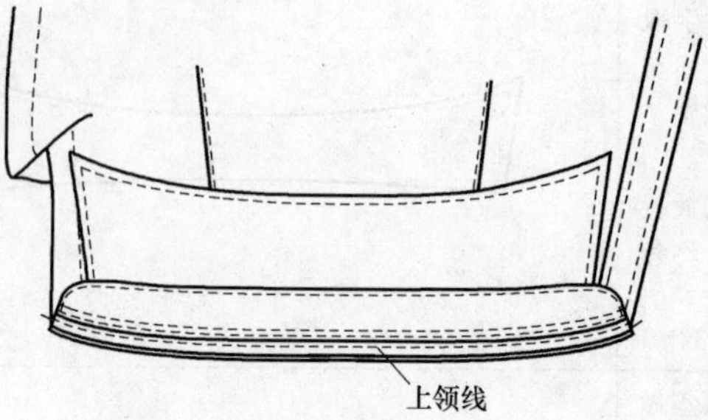 上领线	领子的缝份均匀一致,整个线迹无吃纵,后领口直丝部分应该平整,无吃量,三点对齐,不允许领口抻吃不匀,使领口变形,后领口扎眼位置要与肩缝、后领口中心位置对准,不偏领
2	按领口弧度顺势绲线,后中对准无公差,直丝部位领口稍抻,防止起皱,斜丝部位要自然		

十六、平领

序号	工艺操作方法及要求	操作图示	质量标准
1	从领中线开始重合,沿边经过领台,压0.1cm明线,平领前先将上领缝份塞进底领,平领时,盖住上领线,扎眼三点对准(手法:后领中对准牙剪,缝时稍抻,前领口开头下层稍抻,不允许接线)	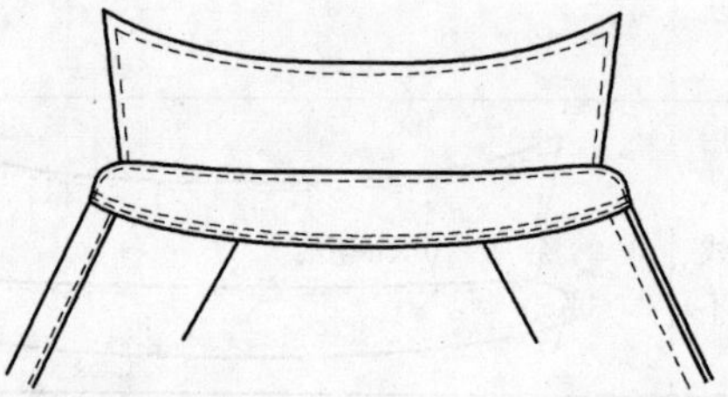	领台部位线迹圆顺,领台面不反吐,平领线顺直,无接线。正反面针码均匀、美观、清晰,平领不露上领线,后领口正中无吃皱现象,线迹各部位平整,无死褶。领台部位门里襟止口边要顶到头,后领口扎眼位置要与肩缝、后领口中心位置对准,不偏领

十七、上袖头

序号	工艺操作方法及要求	操作图示	质量标准
1	按照工艺要求确认,明袖衩是否小袖衩里折。将大袖衩塞入袖口,顶紧袖口的横头塞满。塞平后用右手按住,再用左手把袖口里沿袖口的径向向左边押一下,以免袖口横头反吐袖口里,然后起针。袖口折倒向大袖衩,包缝边向前倒。两头打倒针3~4针	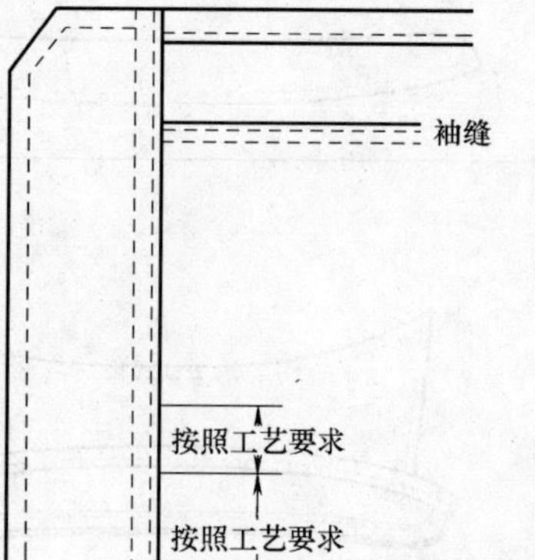 袖缝 按照工艺要求 按照工艺要求	袖口明线要顺直。明线宽窄、针码密度要符合工艺要求。正面针码清晰、美观,不反吐袖头里,袖头边整齐、不变形。袖头两边必须用袖衩塞满、塞平。左右袖口折对比位置、尺寸要相同。不允许接线

十八、撸底边

序号	工艺操作方法及要求	操作图示	质量标准
1	先净好底边,开头要求必须与撸子同宽,注意撸子进布过多会造成斜面宽度不一,所以整个底边及两头握边线迹距边必须同宽,无公差。两头打倒针3~4针		撸底边线迹顺直,宽窄一致,符合工艺要求。反面折边宽窄均匀,面、底线松紧适宜,无下坑,下摆卷边无吃皱,不打缕,平挺顺直,弯度部位圆顺,包缝处不打死褶,不许倒翘。侧缝处可接线,其他部位不允许接线,接线处不打倒针

十九、锁眼

序号	工艺操作方法及要求	操作图示	质量标准
1	一般情况下,锁眼先顺大身颜色。领台锁眼位置距领台中,眼与领台下口基本平行,锁横眼;各部位锁眼距离、扣眼的大小及眼数按工艺要求;切刀要锋利、刀口无布丝毛露、无油脏	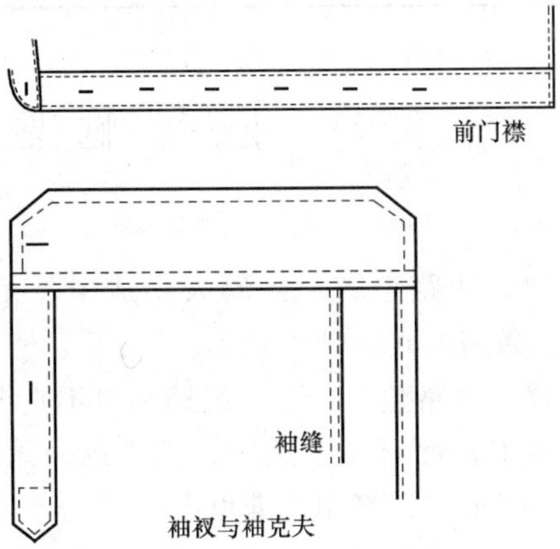 前门襟 袖缝 袖衩与袖克夫	眼数、眼距、距边要符合工艺要求。锁眼要直顺,锁在一条线上,不能歪斜,不能里出外进,前边锁眼要锁正中,套结牢固无脱线,锁眼内无毛纱

二十、钉扣

序号	工艺操作方法及要求	操作图示	质量标准
1	一般情况下,钉扣线要顺扣色,十字花钉扣。各部位钉扣扣距及数量按工艺要求;条格面料钉扣要找准主条,平纹面料顺直,钉扣位置要准确	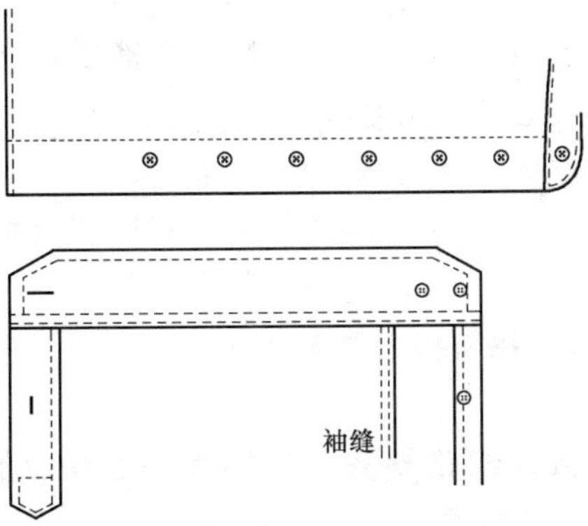 袖缝	钉扣与锁眼要对比着,底领扣与大身扣直顺,不能里出外进,扣数和扣距要符合工艺要求。线迹要均匀,不能有少线、掉扣现象。钉扣时,如果钉扣线的结子甩在面子上,一定要割掉重钉

任务五 整 烫

序号	项 目	具 体 要 求
1	熨烫工具选择	蒸汽电熨斗
2	工艺操作方法与要求	1. 三分做,七分烫 2. 整烫顺序:袖头、袖子、左右前片、袖窿和底边 3. 外观:整烫平服,两领尖对称,无漏烫,折叠端正,前边顺直。领弧圆顺对称,商标端正不歪斜,过肩对称,领旁无吃势,口袋边平服,袖头端正,面料表面无杂点。不能露纸板,不能露纸领条 4. 内在:各部位平服,无漏烫,线迹无吃势,无油脏,无线头,侧缝对称,下摆平服无打缕,折叠要端正
3	质量要求	1. 整件衣服无脏污、无线头、无极光 2. 各部位熨烫平服、整洁,无烫黄、水渍及亮光 3. 领型左右基本一致,折叠端正 4. 一批产品的整烫折叠规格应保持一致

任务六 成 品 检 验

一、正面检验

（1）上领明线宽窄一致，线路整齐，针码大小适中，无跳线、无开线，领面无起泡，不吃纵、无粗纱、无疵点、条格顺直，领尖对称。

（2）底领明线宽窄一致，线路整齐，平领线路领口不吃纵，上下领无色差、无起泡。

（3）门襟边符合工艺要求，针码大小适中，无吃纵、无跳线、无开线、无下坑，宽窄一致，钉扣符合工艺要求，无掉扣，钉扣不准里出外进。

（4）左右口袋宽窄一致，线路整齐，无吃纵、无粗纱、无疵点，刀口三角大小要一样。

（5）肩头明暗线无吃纵，线路无开线、无毛露、无色差。

（6）过肩无吃纵、无开线，条格顺直，抻拉领口与过肩，检查明线缝头大小，不开裂，无毛露。

（7）上袖无毛露、无开线、不吃纵，圆顺。把袖子掏出，埋夹无毛露、无开线、不吃纵，直至下摆边要平直，无吃纵、无毛露、无下坑。

（8）下摆边平直，无吃纵、无毛露、无下坑。

（9）领子对折，比较领尖长短，底领台大小圆度符合要求，夹领宽窄一致。上平领子不歪斜，商标端正等。

（10）比较门里襟长短，扣与扣眼要对齐。

二、反面检验

（1）上领明线宽窄一致，线路整齐，针码大小适中，无跳线、无开线，领面无起泡，不吃纵、无粗纱、无疵点，条格顺直，领尖对称。

（2）底领明线宽窄一致，线路整齐，平领线路领口不能吃纵，上下领无色差、无起泡。

（3）商标不歪斜，四角平直，不漏角，钉商标的针码符合工艺要求，无开线、无下坑、无眼皮、无反线，有小号的要检查小号，规格是否正确，订得是否牢固。

（4）肩头明暗线无吃纵、无线路开线、无毛露、无色差。

（5）上袖无毛露、无开线、无吃纵，圆顺。把袖子掏出，埋夹无毛露、无开线、无吃纵，直至下摆边要平直，无吃纵、无毛漏、无下坑。

（6）门襟边符合工艺要求，针码大小适中，无吃纵、无跳线、无开线、无下坑，宽窄一致，钉扣符合工艺要求，无掉扣，钉扣不准里出外进。

（7）过肩无吃纵、无开线，条格顺直，抻拉领口与过肩，检查明线缝头大小，无开裂、无毛露。

（8）锁眼符合工艺要求，无开线、无毛露，眼居中。

（9）袖花宽窄一致，绣花三角居中，封口标准，绣花、眼皮要均匀，无毛露、无下坑，条格面料要顺条，绣花有扣眼的要检查扣眼是否对正。

（10）袖口对折，圆头大小一样，圆头圆顺，眼皮大小适中，线路整齐，袖口面里松度适中，两只袖口袖折距离一致。

（11）两侧埋夹无毛露、无开线、无吃纵、无下坑、无跳针，直至下摆边要平直，无吃纵、无毛露、无下坑。

（12）把袖子抻直，验过肩面、袖窿面、埋夹面，无开线、无下坑、无跳针。

（13）底摆无开线、无吃纵、无毛露、无下坑，不打缕。

（14）按照针制规定检验，针距密度符合要求。

项目成果评价

男衬衫制作工艺评分标准

项目	评 分 标 准	扣 分 规 定	分值	得分	教师审阅
领	1. 领尖、领角对称,自然窝服 2. 绱领位置准确,方法正确 3. 领面平服,缉线顺直、宽窄一致 4. 领面粘衬平整、不起泡	1. 领尖、领角不对称,不窝服扣8分 2. 绱领位置不准确,方法不正确扣8分 3. 领面不平服扣3分,缉线不顺直,宽窄不一致扣3分 4. 领面粘衬不平整、起泡扣3分	25分		
袖	1. 绱袖圆顺,吃势均匀 2. 对位准确,无死褶 3. 袖头符合规格、左右对称 4. 袖口握边平服、无毛露、缉线顺直	1. 绱袖不圆顺,吃势不均匀扣5分 2. 对位不准确,有死褶扣4分 3. 袖头不符合规格、左右不对称扣4分 4. 袖口握边不平服、有毛露、缉线不顺直扣5分	18分		
门襟	1. 门襟长短一致,不拧不皱 2. 明褶贴边(翻吊边)宽度均匀一致 3. 锁眼、钉扣位置正确	1. 门襟长短不一致、起皱扣4分 2. 明褶贴边(翻吊边)宽度不均匀扣6分 3. 锁眼、钉扣位置不正确扣6分	16分		

（续）

项目	评 分 标 准	扣 分 规 定	分值	得分	教师审阅
侧缝	袖底十字缝对齐,线迹顺直,无死褶	袖底十字缝没对齐,线迹不顺直,有死褶扣5分	5分		
下摆	1. 起落针回针,折边宽度一致,缉线（弧线）顺直,止口顺直 2. 两端平齐,中间不皱不拧	1. 起落针不回针,折边宽度不一致,缉线（弧线）不顺直,止口不顺直扣3分 2. 两端不平齐,中间起皱扣3分	6分		
规格	1. 衣长误差范围 ±1cm 2. 袖长误差范围 ±1cm 3. 胸围误差范围 ±1cm 4. 腰围误差范围 ±1cm 5. 肩宽误差范围 ±0.5cm 6. 袖口误差范围 ±0.5cm	1. 衣长超过误差范围扣2分 2. 袖长超过误差范围扣2分 3. 胸围超过误差范围扣2分 4. 腰围超过误差范围扣2分 5. 肩宽超过误差范围扣2分 6. 袖口超过误差范围扣2分	12分		
缝纫线路	1. 线路牢固 2. 缝纫线路顺直 3. 面、底线松紧适宜 4. 回针线路重合一致 5. 面线无接线 6. 整件无漏缝	根据缝纫线路各项情况适当扣分	5分		
整烫	1. 熨烫平整、挺括,烫迹线正确对称 2. 表面无极光、无烫焦、无烫黄	根据整烫质量适当扣分	6分		
外观质量	1. 无线头 2. 无油迹、无粉迹 3. 缉线部位顺直、美观、整齐 4. 无线头,外表整洁、平服	根据外观各项质量适当扣分	7分		
合计			100分		

练一练

尝试制作一件男衬衫（款式、规格不限）。

训练任务：①设计款式图；②写出制作工艺流程；③按照男衬衫工艺操作方法与要求进行缝制、检验；④组织项目展评活动。

温馨提示： 在设计款式图时应注意各款式的放松度：适身型、合体型、宽松型；门襟：外翻边、嵌边；下摆：平下摆、圆下摆；领型：尖领角、方领角；袖型：平袖、圆装袖、插肩袖；袖衩：宝剑头袖衩、方袖衩等。

项目六　制作女上衣

项目展示

　　女上衣的款式样图，款式说明：平驳头、前门三粒扣、下摆圆角、双开线口袋加袋盖，袖子假开叉两粒扣。

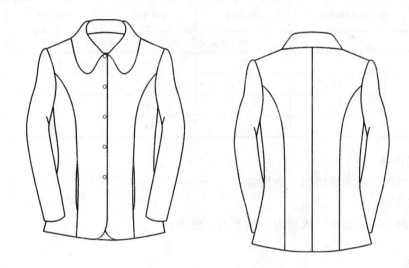

普通女上衣款式图

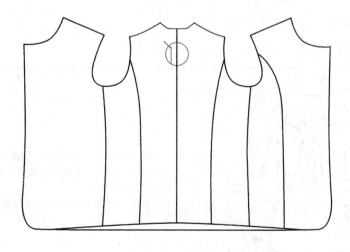

普通女上衣展开图

项目分析

普通女上衣的制作工艺流程为：人体测量、临摹款式图、铺料与裁剪、样衣制作、整烫、成品检验，根据工艺需要将本项目分解为以下6个流程。

项目准备

1. 选择面料

一般天然织物，也可以选择变化多样的混纺及化纤面料。

2. 参考制作成品规格尺寸表

规格　　部位	150/76A	155/80A	160/84A	165/88A	170/92A
衣长	62	64	66	68	70
胸围	88	92	96	100	104
肩宽	38	39	40	41	42
领围	34	35	36	37	38
长袖长	51	52.5	54	55.5	57

3. 实训设备

电动缝纫机、电动锁边机、电熨斗。

4. 制作工具

软尺、厘米尺、划粉、大剪刀、小剪刀、锥子。

项目实施

任务一 人体测量

1. 测量工具

软尺，每位学生一根。

2. 测量的部位及要求

测量图示	测量要求
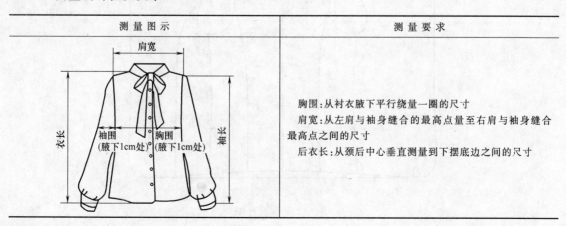	胸围:从衬衣腋下平行绕量一圈的尺寸 肩宽:从左肩与袖身缝合的最高点量至右肩与袖身缝合最高点之间的尺寸 后衣长:从颈后中心垂直测量到下摆底边之间的尺寸

3. 测量数据记录表

姓名	部位	衣长	胸围	肩宽	领围	袖长
×××	规格					

任务二　临摹款式图

临摹各种类型的女上衣款式图，最终能独立绘制女上衣款式图。

要求：绘制款式图各部位比例正确，符合设计基本要素。正、背面的图示足以体现客户的要求。

> **温馨提示**　在绘制款式图时应注意各款式的放松度：适身型、合体型、宽松型；门襟：单门襟拉链、钉扣；领型：平驳领、翻领、创驳领、立翻领；袖型：平袖、圆装袖、插肩袖等。

任务三　裁剪

女上衣的铺料与裁剪工艺共有 6 道工序，分别为划板、检验、拉布、割刀、裁衬、压衬。裁剪过程中要求核实样板数是否与裁剪通知单相符；各部位纱向按样板所示；各部位钉眼、剪口按样板所示；钉眼位置准确，上、下层不得超过 0.2cm；打号清晰，位置适宜，成品不得漏号。

序号	工序	工艺操作方法与要求	质量标准
1	划板	1. 首先看好计划单、工艺单，对样板，掌握面幅情况，选好布料 2. 按工艺要求看好面料正反面，划皮不得占用公差 3. 测量皮的拖长，超定额不准使用 4. 划皮有三个指导原则：一是准确性，即工艺准确、规格准确；二是合理性，即排板布局合理；三是节约性 5. 划皮时不能少片或零部件，划完后要自检	1. 有顺向的面料，每一件要求一致，有顺花的要一致，客户有要求的必须按客户要求去做 2. 条格面料，领子、袖头、口袋要对条对格，挂边找主条（其他按工艺要求），两只袖口尽量排在同一水平线上 3. 划皮要求皮线清晰，编号清楚，皮面整洁，牙剪、省点要划准确
2	检验	1. 掌握工艺要求，看清工艺，核对样板与工艺规定 2. 根据毛片规格表测量规格，先大部件后小部件	1. 检查各部位件数，有无漏划 2. 按拉布单对面幅使用，检查托长及两头端线 3. 凡不符合规格尺寸，排图不合理，部件或多或少，改线过多、乱、不清楚，退回划皮修改，严重的作为废皮处理
3	拉布	1. 根据拉布报告的要求，首先查清原料、面幅、色号、原料反正面、阴阳条格、层数、皮长 2. 对有绝对反正面或有阴阳条格的面料，提前顺好 3. 拉料要求三面齐一面平，不允许径自弯曲和出现人为的纬斜，格子面料要先裁毛，然后挂针 4. 拉料操作时，冲头与压头人员动作要协调，配合要默契 5. 使用后的布头应整齐叠好并记好面料卡	1. 靠身布边齐，上下垂直，幅宽长度按要求，未经批准不许超出公差 2. 格料按照工艺拉布要求扎针，主条上下垂直 3. 条格料特别是无扎针部位的上下条格要垂直无歪斜

（续）

序号	工序	工艺操作方法与要求	质量标准
4	割刀	1. 首先查清拖料单标明的件数,要求查清每个部件的衔接,拉料是否合格 2. 所裁部位的刀路必须顺直,上下一致,左右顺好 3. 割刀的操作技巧在于用刀手法,刀路随排图的变化而变化,用刀手法及刀路要顺畅 4. 电刀要润滑正常,刀刃锋利,推刀刀路不要用力过大,走刀速度若超出刀刃的承受力,会造成"拱料"将料割起来,出现偏刀或跑线 5. 割刀要遵循从右向左的拉刀方向,先外后内,先弧后直,先大身后部件的原则	1. 后背对比互差不大于±0.2cm 2. 袖子对比互差不大于±0.2cm 3. 第一层与最底层对比互差不大于±0.2cm
5	裁衬	1. 通常粘合衬上领、下领45°角斜裁,长胶直裁 2. 斜裁按工艺要求,注意区分什么是封压衬、树脂衬、无纺衬、尼龙衬 3. 划线时要掌握用笔的型号,如果是深面料,铅笔可深些。划线不能跑样板,不得走样,裁衬时应走线里侧,将铅笔线割掉	用衬正确,丝缕正确,款式、型号正确,净衬、毛衬区分开
6	压衬	1. 根据所压部位和用衬的不同调适出合适的温度、速度、压力 2. 根据不同面料、不同批次的衬布,生产前做实验,将压衬效果调至最佳方可进行生产,拉力不够或起泡不能进行生产 3. 接片时不能乱号、丢片,更不能将两个订单的衣片混接 4. 保持压衬机周围及机器卫生,下班前半个小时提前降温,并用清洁粉将传动带擦拭干净 5. 待温度降至60~80℃之间后,方可关闭电源和气阀	1. 避免人为起泡,在压活前必须先用测温纸进行测温,温度稳定后方可进行生产 2. 根据不同面料、衬料,调出最佳粘合效果 3. 保持机器及周围卫生,避免出现二次污染 4. 在压衬中,黑白面料要分开压,并且过1~2h做一次实验,防止起泡现象发生 5. 客户有特殊要求的,以客户要求为准

任务四　样衣制作

女上衣的样衣缝制工艺共有7道工序。缝制过程中要求各部位缝制线路整齐、牢固、平服;上下线松紧适宜,无跳线、断线,起落针处应有回针;领子平服,领面、里、衬松紧适宜,领尖不反翘;绱袖圆顺,吃势均匀,两袖前后基本一致;袖头及口袋和衣片的缝合部位均匀、平整,无歪斜;锁眼定位准确,大小适宜,两头封口;开眼无绽线;商标位置端正;号型标志、成分含量标志、洗涤标志准确清晰,位置端正;成品中不得含有金属针。具体制作工序、制作工艺操作方法及要求如下。

一、前片

序号	工艺操作方法及要求	操作图示	质量标准
1	合前刀背缝,合前小身,检查机器(专用机)针码密度是否符合工艺,首先要求前片与前刀背作缝1cm,首尾打回针,剪口对齐,吃量均匀。其次合前小身缝份为1cm,首尾打回针,刀眼对齐	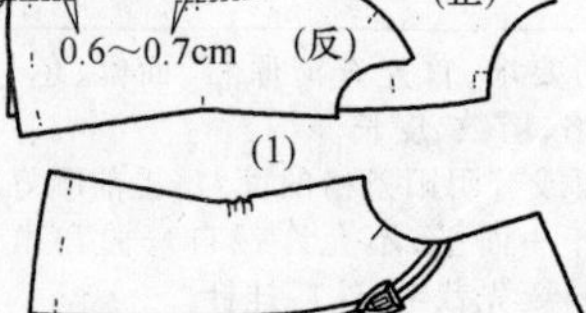 0.6~0.7cm　(反)　(正) (1) 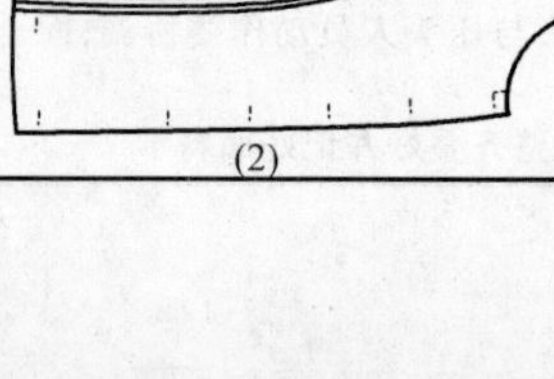 (2)	针码密度适宜,线迹顺直、平挺、不吃纵、刀眼对正,缝份一致,条格面料中间部位条纹顺直,上下缝线松紧适宜,不浮线,无漏针。折量符合工艺要求。明线部位不允许接线

二、划袋位，做口袋

序号	工艺操作方法及要求	操作图示	质量标准
1	嵌线顺直，左右对称，无极光、无扎印	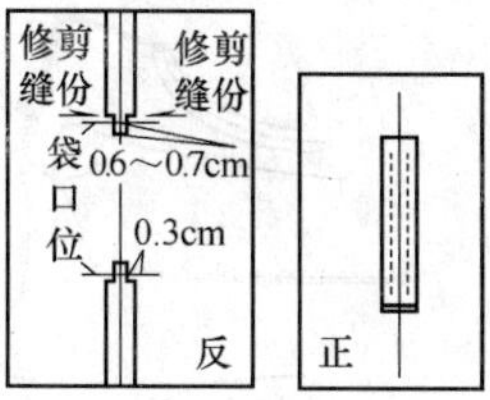	袋位左右对称，嵌线左右对称。剪口到位，不出毛，不能剪到缝线，袋口无多余线头；嵌线平服，烫平自然，无极光；袋口方正，不裂口；袋布烫平无死褶
2	将袋口多余的线头清剪，翻烫开线，注意袋口方正，不裂口，整烫袋口，平服自然，无极光	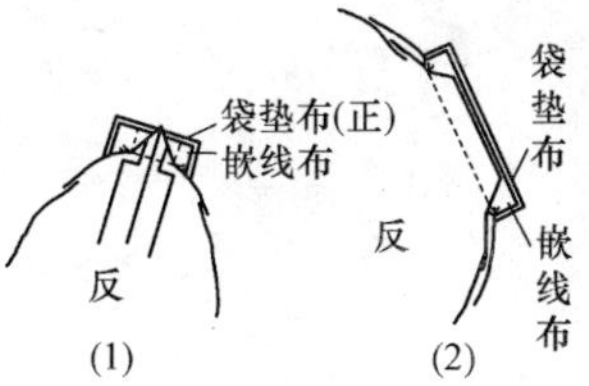	

三、复挂面，合缝

序号	工艺操作方法及要求	操作图示	质量标准
1	装领点至底边挂面处可敷牵带，牵带用直丝粘合衬，要求在胸部一段拉紧，腰节部位平敷，底边下角处略紧，复挂面时挂面放下层，沿衣身的净粉线车绲，合绲时，底边拐角处挂面略紧	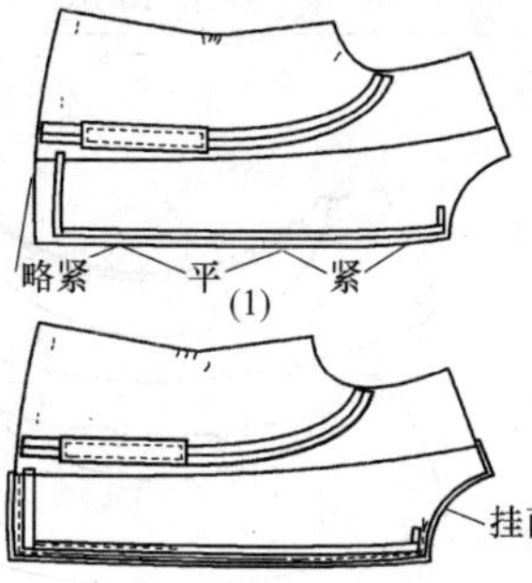	1. 前门止口顺直、左右对称、长短一致，自然窝服，无外翘、反吐现象 2. 缝头修剪适宜，止口平薄，平下摆拐角处方正
2	为使止口翻出后平薄，可适当修剪止口，底边留缝略大些，挂面一面的止口留缝 0.5～0.6cm，拐角处可适当再修小些，翻烫止口时要求挂面坐进 0.1cm，翻烫止口时要求挂面坐进 0.1cm，垫布烫直、烫平、烫煞	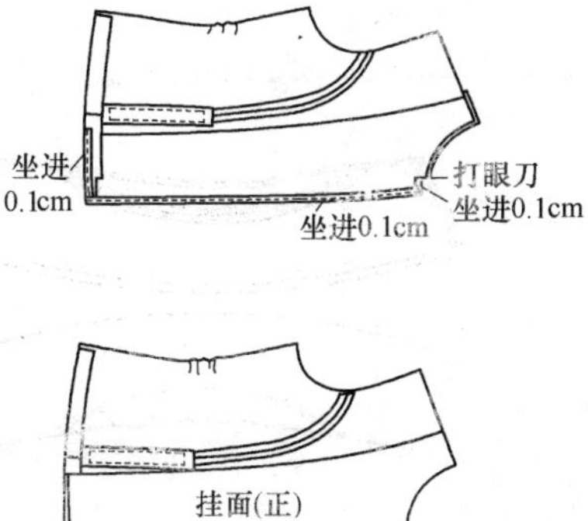	

四、合辑肩缝，合缉摆缝

序号	工艺操作方法及要求	操作图示	质量标准
1	合缉肩缝时后片在下，里肩 1/3 处放吃势 0.6 cm 左右，分缝时注意防止肩缝烫还	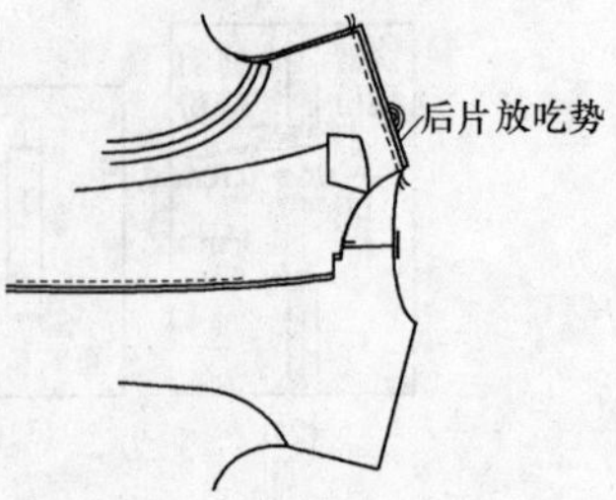 后片放吃势	1. 肩缝顺直，吃势均匀，自然前倾不后甩，左右对称 2. 摆缝缉线顺直，熨烫平服，腰节处不起吊
2	合缉摆缝时要求对准相应部位的缝制标记，缉线顺直，分缝时腰节处略微拔开		

五、做领，装领

（一）做领

序号	工艺操作方法及要求	操作图示	质量标准
1	领里、领面分别与领座缉合，分缝烫开，正面压缉0.15cm双止口。分缝时注意使用熨斗尖，防止破坏领子的立体造型	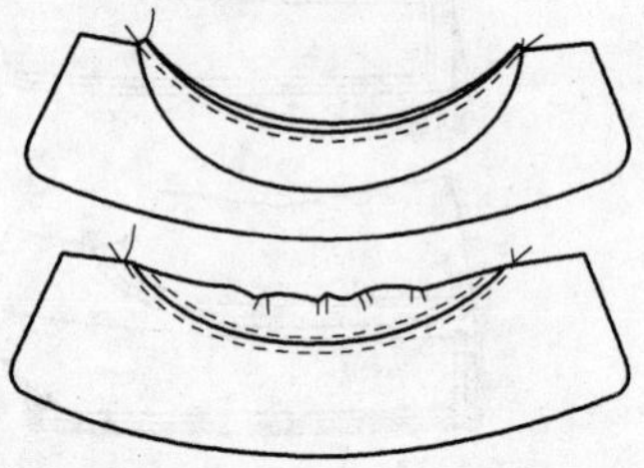	1. 领子丝绺正确，面、里松紧适宜，左右对称，止口不外吐，领角窝服自然 2. 领里、领面分割缝位置适宜，上下重合 3. 领中心眼刀、对肩眼刀要做好
2	勾缉领里、领面时注意上下两层领中点眼刀对齐，领面的两领角处要放吃势，吃势要求均匀、一致，左右对称	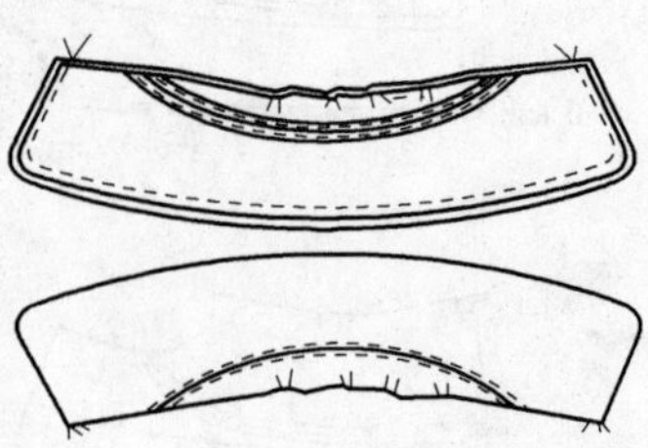	

（二）装领

序号	工艺操作方法及要求	操作图示	质量标准
1	挂面按止口折转,领头夹在中间,对准装领点,领脚与领圈缝头平齐,从右襟开始缉线。注意对背中眼刀和对肩眼刀要对准	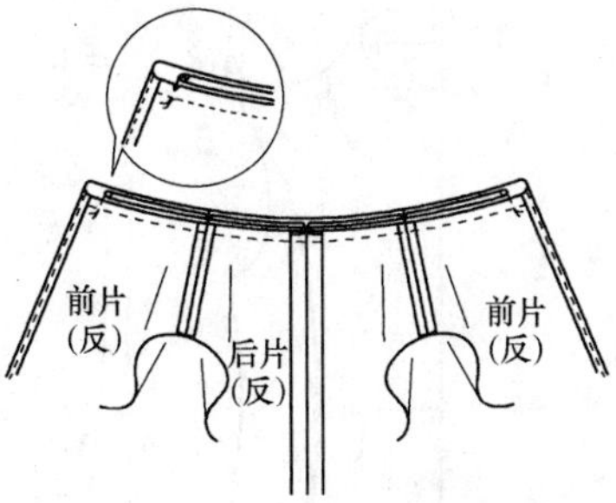 前片(反) 后片(反) 前片(反)	装领位置正确、左右对称。装领平服、无死褶
2	领头及挂面翻转至正面,在挂面一面将装领缝份烫平整,在领里一面烫出领子的里外匀,窝势	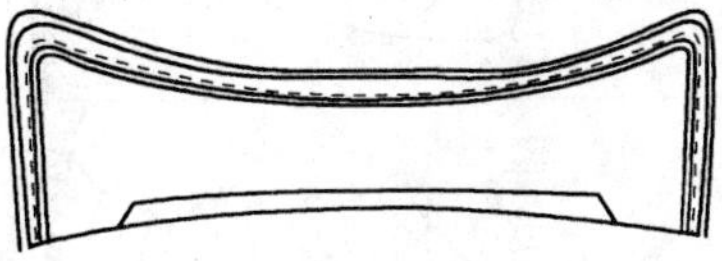	左右两领角对称、窝服

六、做袖、装袖
（一）做袖

序号	工艺操作方法及要求	操作图示	质量标准
1	缝合前袖缝时大袖在上、小袖在下,缝合后袖缝时小袖在上、大袖在下,缝头对齐,缉线1cm,分缝时注意符合归拔要求	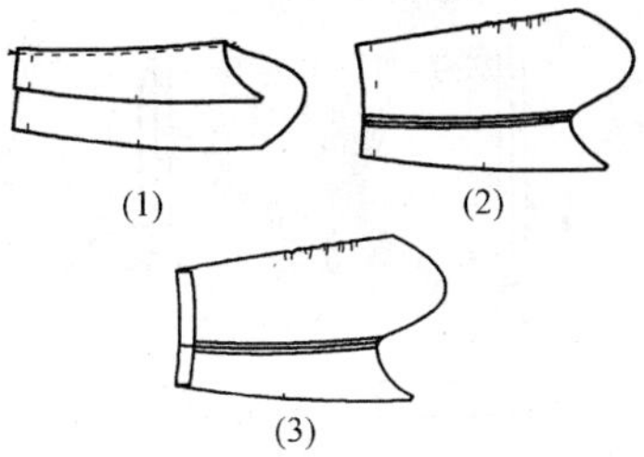 (1) (2) (3)	大小袖片丝缕顺直,缝头均匀圆顺,不拉伸,前后袖缝平服,不接线
2	绷袖口贴边时注意核对袖长规格,正面不能露针印	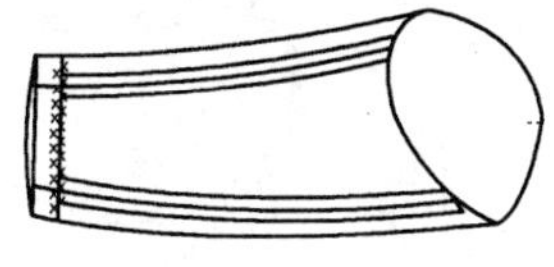	袖长、袖口符合规格要求
3	抽袖山吃势时袖底一段横丝部位可不抽,吃势在前后袖山一段略多,前袖山斜坡吃势量略少于后袖山,袖山最高点处少放吃势。吃势量可根据面料质地收进3cm左右	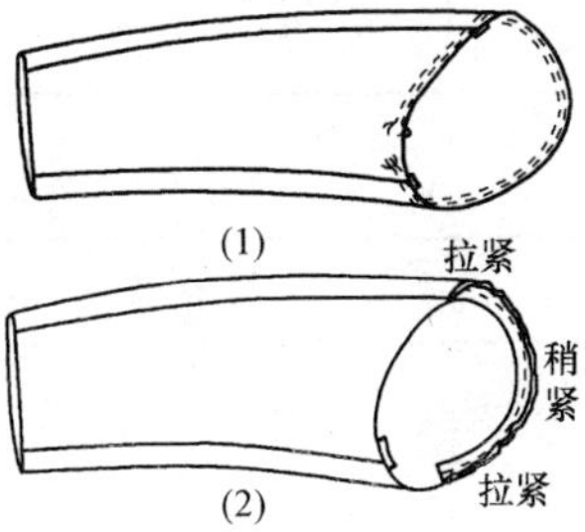 (1) 拉紧 (2) 稍紧 拉紧	抽袖山吃势合理

（二）装袖

序号	工艺操作方法及要求	操作图示	质量标准
1	袖山与袖窿正面相叠，袖子在上，缝头 0.8cm，缉到袖山头一段时，用锥子将袖山吃势均匀推进，防止产生小裥	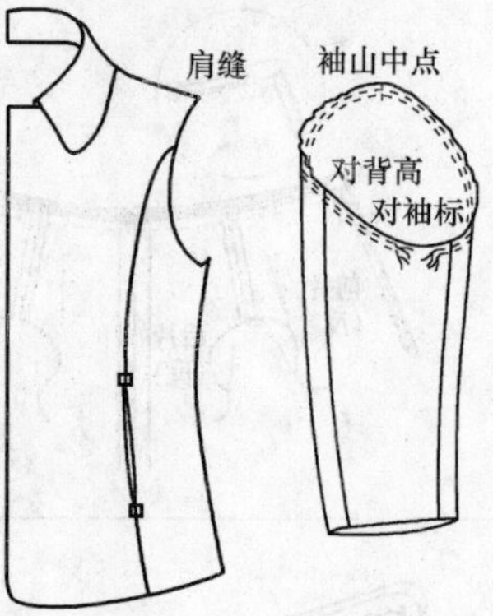	1. 装袖位置正确、左右对称 2. 装袖平服、无死褶，袖山吃势均匀、圆顺、饱满，丝绺顺直
2	袖子装好后放在铁凳上，将袖窿轧烫一周，把缝子和缉线熨烫平整，轧烫时熨斗边缘不超过袖窿缉线	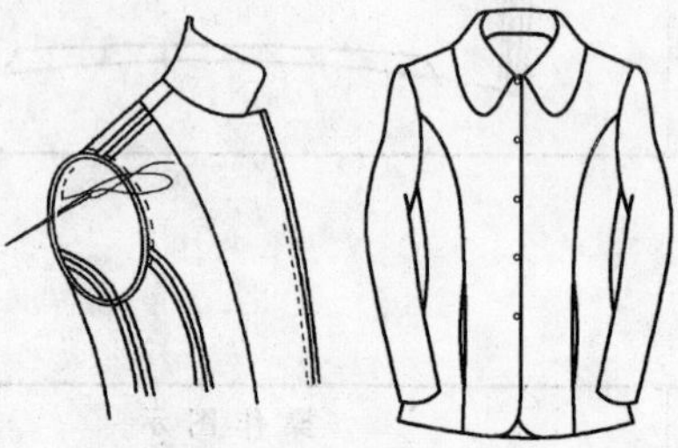	
3	在袖子一面沿装袖线外侧缉斜丝绒布衬条，长度从前袖缝向上 3cm，过袖山中点，至后袖缝向下 3cm	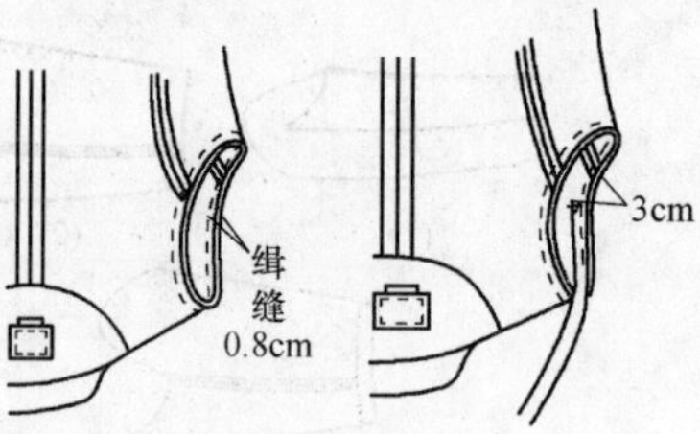	辑线绒布衬条平服
4	装垫肩时注意前肩部分短，后肩部分长，1/2 向前过 1cm 对准肩缝，比袖窿毛缝探出 0.2 ~ 0.4cm，垫肩两端与袖窿毛缝处平齐，沿袖窿缉线外擦线，将垫肩与袖窿扎牢	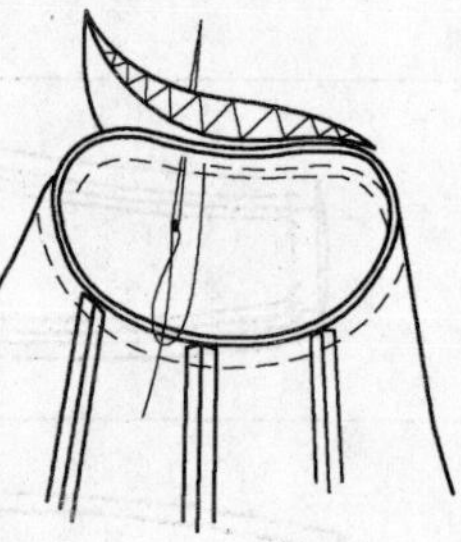	垫肩平服，位置正确，进出袖窿毛缝适宜

七、手工

序号	工艺操作方法及要求	操作图示	质量标准
1	绷底边针法正确，正面不漏针迹，缝线不松不紧，针距 0.8cm 左右		锁眼钉扣位置对称，左右对称，扣眼大小为 2.3cm，方法正确

任务五 整 烫

序号	项 目	具 体 要 求
1	熨烫工具选择	蒸汽电熨斗
2	工艺操作方法与要求	1. 三分做，七分烫 2. 整烫顺序：袖头、袖子、左右前片、袖窿和底边 3. 外观：整烫平服，两领尖对称，无漏烫，折叠端正，前边顺直。领弧圆顺对称，商标端正不歪斜，过肩对称，领旁无吃势，口袋边平服，袖头端正，面料表面无杂点。不能露纸板，不能露纸领条 4. 内在：各部位平服，无漏烫，线迹无吃势，无油脏，无线头，侧缝对称，下摆平服无打缕，折叠要端正
3	质量要求	整件衣服无脏污、无线头、无极光 1. 各部位熨烫平服、整洁、无烫黄、水渍及亮光 2. 领型左右基本一致，折叠端正 3. 一批产品的整烫折叠规格应保持一致

任务六 成 品 检 验

一、正面检验

（1）上领明线宽窄一致，线路整齐，针码大小，无跳线、无开线，领面无起泡，无吃纵、无粗纱、无疵点，条格顺直，领尖对称。

（2）门襟边符合工艺要求，针码大小适中，无吃纵、无跳线、无开线、无下坑，宽窄一致，钉扣符合工艺要求，无掉扣，钉扣不准里出外进。

（3）左右口袋宽窄一致，线路整齐，无吃纵、无粗纱、无疵点，刀口三角大小要一样。

（4）肩头明暗线无吃纵，线路无开线、无毛露、无色差。

（5）上袖无毛露、无开线、无吃纵，圆顺。把袖子掏出，埋夹无毛露、无开线、无吃纵，直至下摆边要平直，无吃纵、无毛漏、无下坑。

（6）领子对折，比领尖长短，底领台大小圆度符合要求，夹领宽窄一致。上平领子不歪斜，商标端正。

二、反面检验

（1）上领明线宽窄一致，线路整齐，针码大小适中，无跳线、无开线，领面无起泡，无吃纵、无粗纱、无疵点，条格顺直，领尖对称。

（2）商标无歪斜，四角平直，无漏角，钉商标针码符合工艺要求，无开线，无下坑、无眼皮、无反线，规格正确，钉得牢固。

（3）肩头明暗线无吃纵，线路无开线、无毛露、无色差。

（4）上袖无毛露、无开线、无吃纵，圆顺。把袖子掏出，埋夹无毛露、无开线、无吃纵，直至下摆边平直，无吃纵、无毛露、无下坑。

（5）门襟边符合工艺要求，针码大小适中，无吃纵、无跳线、无开线、无下坑，宽窄一致，钉扣符合工艺要求，有无掉扣，钉扣不准里出外进。

（6）袖花宽窄一致，绣花三角居中，封口标准，绣花、眼皮要均匀，不能毛露、下坑，条格面料要顺条，绣花有扣眼的要检查扣眼是否对正。

（7）袖口对折，圆头大小一样，圆头圆顺，眼皮大小适中，线路整齐，袖口面里松度适中，两只袖口袖折距离一致。

（8）把袖子抻直，验过肩面、袖窿面、埋夹面无开线、无下坑、无跳针。

（9）底摆开线、无吃纵、无毛露、无下坑、打缭。

（10）按照缝制规定检验，针距密度符合要求。

项目成果评价

女上衣制作工艺评分标准

项目	评分标准	扣分规定	分值	得分	教师审阅
领	1. 领尖、领角对称，自然窝服 2. 绱领位置准确，方法正确 3. 领面平服，缉线顺直，宽窄一致 4. 领面粘衬平整、不起泡	1. 领尖、领角不对称，不窝服扣8分 2. 绱领位置不准确，方法不正确扣8分 3. 领面不平服扣3分，缉线不顺直，宽窄不一致扣3分 4. 领面粘衬不平整、起泡扣3分	25分		
袖	1. 绱袖圆顺，吃势均匀 2. 对位准确，无死褶 3. 袖头符合规格、左右对称 4. 袖口揳边平服、无毛露、缉线顺直	1. 绱袖不圆顺，吃势不均匀扣5分 2. 对位不准确，有死褶扣4分 3. 袖头不符合规格、左右不对称扣4分 4. 袖口揳边不平服、有毛露、缉线不顺直扣5分	18分		
门襟	1. 门襟长短一致、不拧不坡 2. 明褶贴边（翻吊边）宽度均匀一致 3. 乳间细褶位置正确、对称 4. 扣眼位、钉扣位置正确	1. 门襟长不短一致、起坡扣4分 2. 明褶贴边（翻吊边）宽度不均匀扣4分 3. 乳间细褶位置不正确、不对称扣4分 4. 锁眼、钉扣位置不准确扣4分	16分		
侧缝	袖底十字缝对齐，线迹顺直，无无死褶	袖底十字缝没对齐，线迹不顺直，有死褶扣5分	5分		
下摆	1. 起落针回针，折边宽度一致，缉线（弧线）顺直，止口顺直 2. 两端平齐，中间不坡不拧	1. 起落针不回针，折边宽度不一致，缉线（弧线）不顺直，止口不顺直扣3分 2. 两端不平齐，中间起坡扣3分	6分		
规格	1. 衣长误差范围±1cm 2. 袖长误差范围±1cm 3. 胸围误差范围±1cm 4. 腰围误差范围±1cm 5. 肩宽误差范围±0.5cm 6. 袖口误差范围±0.5cm	1. 衣长超过误差范围扣2分 2. 袖长超过误差范围扣2分 3. 胸围超过误差范围扣2分 4. 腰围超过误差范围扣2分 5. 肩宽超过误差范围扣2分 6. 袖口超过误差范围扣2分	12分		
缝纫线路	1. 线路牢固 2. 缝纫线路顺直 3. 面、底线松紧适宜 4. 回针线路重合一致 5. 面线无接线 6. 整件无漏缝	根据缝纫线路各项情况适当扣分	5分		

（续）

项目	评分标准	扣分规定	分值	得分	教师审阅
整烫	1. 熨烫平整、挺括、烫迹线正确对称 2. 表面无极光、无烫焦、无烫黄	根据整烫质量适当扣分	6分		
外观质量	1. 无线头 2. 无油迹、无粉迹 3. 缉线部位顺直、美观、整齐 4. 无线头,外表整洁、平服	根据外观各项质量适当扣分	7分		
合计			100分		

练一练

尝试制作一件女上衣（款式、规格不限）。

训练任务：（1）设计款式图；（2）写出制作工艺流程；（3）按照女上衣工艺操作方法与要求进行缝制、检验；（4）组织项目展评活动。

温馨提示　在绘制款式图时应注意各款式的放松度：适身型、合体型、宽松型；门襟：单门襟拉链、钉扣；领型：平驳领、翻领、戗驳领、立翻领；袖型：平袖、圆装袖、插肩袖等。

项目七 制作男西服

项目描述

西装又称"西服"、"洋装"。西装是一种"舶来文化"，在我国，人们多把有翻领和驳头，三个衣兜，衣长在臀围线以下的上衣称做"西服"，这显然是我国对于来自西方的服装的称谓。西装，广义上指西式服装，是相对于"中式服装"而言的欧式服装。狭义指西式上装或西式套装。西装通常是公司企业从业人员、政府机关从业人员在较为正式的场合着装的一个首选。西装之所以长盛不衰，很重要的原因是它拥有深厚的文化内涵，主流的西装文化常常被人们打上"有文化、有教养、有绅士风度、有权威感"等标签。

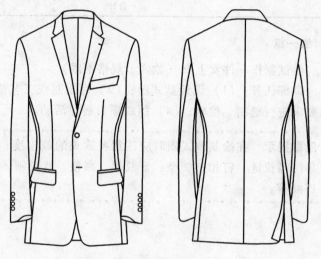

普通男西服款式图

西装一直是男性服装王国的宠物，人们常用"西装革履"来形容文质彬彬的绅士俊男。西装的主要特点是外观挺括、线条流畅、穿着舒适。若配上领带或领结，则更显得高雅典朴。

项目分析

普通男西服的制作工艺流程为人体测量、临摹款式图、裁剪、样衣制作、整烫、成品检验 6 个流程。

项目准备

1. 选择面料

一般以毛料最为适宜，如果是制作礼服，则以黑色、紫红色、深蓝色、深灰色及白色最为理想。

2. 参考制作成品规格尺寸表

规格 部位	160/80A	165/84A	170/88A	175/92A	180/96A	185/100A	190/104A
衣长	71.5	73	74.5	76	77.5	79	80.5
肩宽	12.4	43.6	44.8	46	47.2	48.4	49.6
胸围	92	96	100	104	108	112	116
腰围	81	85	89	93	97	101	105
衫脚	95	99	103	107	111	115	119
袖长	59.4	60.6	61.8	63	64.2	65.4	66.4

3. 实训设备

电动缝纫机、电动锁边机、电熨斗。

3. 制作工具

软尺、厘米尺、划粉、大剪刀、小剪刀、锥子。

任务一　人体测量

1. 测量工具

软尺，每位学生一根。

2. 测量的部位及要求

测 量 图 示	测 量 要 求
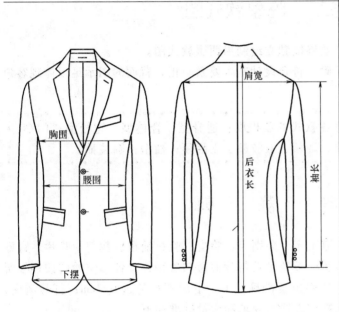	胸围：从西服夹下 2.5cm 平行绕量一圈的尺寸 腰围：从西服腰部最细处平行绕量一圈的尺寸 下摆：从西服下摆平行绕量一圈的尺寸 肩宽：从左肩与袖身缝合的最高点量至右肩与袖身缝合最高点之间的尺寸 后衣长：从颈后中心垂直测量到下摆底边之间的尺寸 袖长：从肩端点直量到袖口下端的尺寸

3. 测量数据记录表

姓名	部位	衣长	胸围	肩宽	前腰节长	袖长
×××	规格					

知识链接

西装部位、部件名称术语

（1）平驳头：前身衣片领口与领面领里的夹角成三角形缺口的驳头。

（2）戗驳头：驳角向上形成尖角的驳头。

（3）单排扣：里襟上下方向钉一排纽扣。

（4）双排扣：门襟与里襟上下方向各钉一排纽扣。

（5）领嘴：前衣片领底口末端到门里襟止口的部位。

（6）驳头：里襟上部向外翻折的部位。

（7）驳口：驳头翻折的部位，驳口线也叫翻折线。

（8）串口：领面与驳头面的缝合处，也叫串口线。

（9）假眼：不开眼口的装饰用扣眼。

（10）滚眼：用面料做的嵌线扣眼。

（11）止口圆角：门里襟下部的圆角。

（12）肚省：在西装大口袋部位的横省。

（13）扣眼距：指扣眼之间的距离。

（14）腋下省：衣服两侧腋下的省道。

（15）通省：从肩缝或袖窿处通过腰部至下摆底部的开刀缝。

任务二 临摹款式图

临摹各种类型的男西服款式图，最终能独立绘制男西服款式图。

要求：绘制款式图各部位比例正确，符合设计基本要素。正、背面的图示足以体现客户的要求。

温馨提示 在绘制款式图时应注意各款式的放松度：适身型、合体型、宽松型；门襟：单门襟拉链、钉扣；领型：平驳领、翻领、戗驳领、立翻领；袖型：圆装袖。

任务三 裁 剪

男西服的铺料与裁剪工艺共有7道工序，分别为：验皮、验料铺布、裁剪、验片、钉扉子、铺衬、压衬。裁剪过程中要求核实样板数是否与裁剪通知单相符；各部位纱向按样板所示；各部位钉眼、剪口按样板所示；钉眼位置准确，上、下层不得超过 0.2cm；打号清晰，位置适宜，成品不得漏号。具体工艺操作方法与要求和质量标准如下。

序号	工序	工艺操作方法与要求	质 量 标 准
1	验皮	参考成品规格尺寸表	检查纸皮是否与计划单、工艺单相符，核对纸皮的幅宽与面料的幅宽是否相同，排板是否合理，小料是否有短缺现象，如有以上不合理现象则要退回，严重的按照废皮处理
2	验料铺布	1. 在裁剪之前首先要先将面料检验一遍，确定面料有无残污点、是否有纬斜现象，在确认无以上问题后将面料自然水平地铺好 2. 铺布时将面料自然水平地铺好，按照计划单的数量算好铺的面料的层数	铺布的数量要与计划单相符，不可以有多铺或者少铺的现象。面料的正反面正确

（续）

序号	工序	工艺操作方法与要求	质量标准
3	裁剪	首先要看清标明的件数，按照纸皮上的线拉下来，剪口的数量和位置要准确。刀路必须顺直，上下一致，角度完全与样板一样	裁剪时注意要严格按照样板操作，裁剪时不能有偏刀现象，确保上下层与样板相符
4	验片	1. 首先把衣片放在桌面上自然摆平，量一下面料各衣片的长度是否与订单要求相符 2. 按照尺码的要求清点小料	检验完后的裁片要准确无误，符合生产要求
5	钉扉子	1. 首先把衣片的顺序从大到小排好，再把该钉的衣片拿出 2. 手针上穿线。把小身和大袖拿出来，把扉子布钉在图上的位置 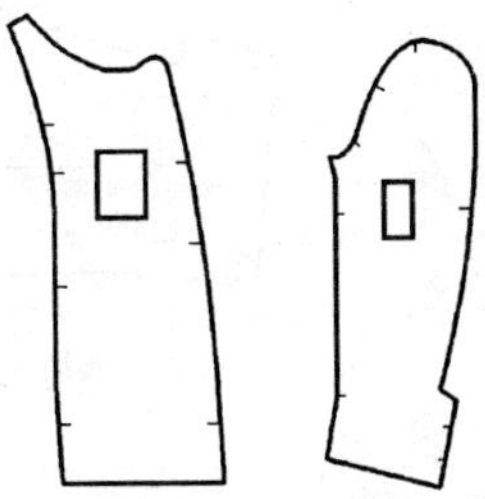	找准扉子，钉牢固，位置要钉准确
6	铺衬	1. 铺前片：铺平一片前片，把型号对应的衬放上比齐铺平 2. 铺领子：取一对型号相应领衬放到领面上，四周留出均匀的余量。铺小领衬的方法与铺领面衬的方法一样 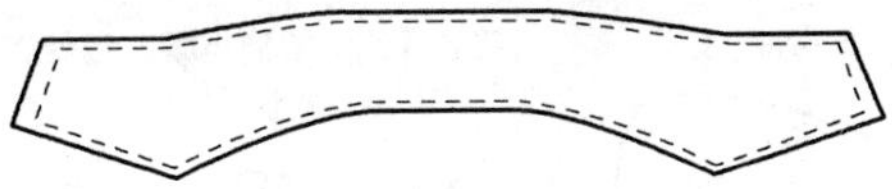 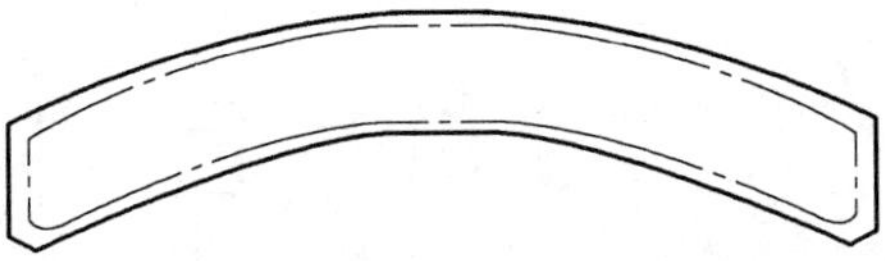 3. 铺过面衬：取一对型号相应的无纺衬条，胶粒向外按位置摆好放上。将另一片挂面的反面与衬的胶粒面对好铺上，四周与底下的挂面边对齐 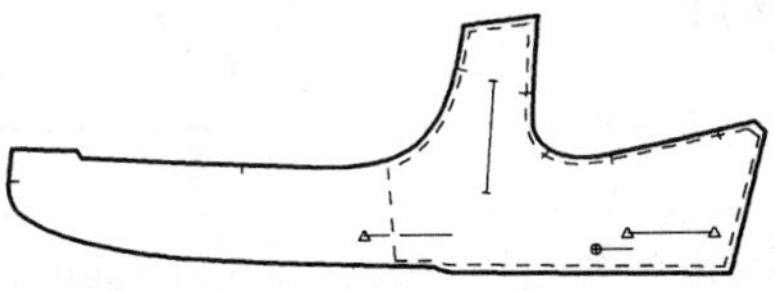 	裁片和衬正直平顺，衬四周留量合适。铺完衬后把剪下来的碎衬清除干净，绝对不能留在衬和裁片之间
7	压衬	1. 根据所压部位不同，用衬不同，调适出合适的温度、速度、压力 2. 保持压衬机周围及机器卫生，下班前半个小时提前降温，并用清洁粉将传动带擦拭干净	避免人为起泡，在压活前必须先用测温纸进行测温，温度稳定后方可进行生产

面里料裁片示意图如下：

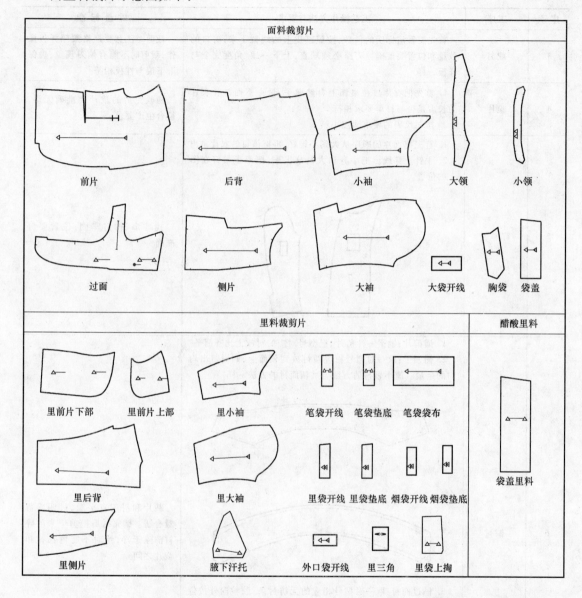

任务四 样衣制作

项　目	工 艺 流 程
前片、后背	收胸省、合侧片—分烫胸省、侧缝—收肩线、拉袖窿条—机开大袋—剪开三角、翻烫开线—装大袋布—开胸袋—封胸袋及三角宽度——缝合后背中缝—缝合摆衩角—组合摆衩面里
里子	合前片侧片、接挂面—里挂面滚边—机开里袋、名片袋—装里袋布、水洗标—装里护照袋布—撬缝袋布与过面

（续）

项　目	工 艺 流 程
袖子	大袖拔缝—锁袖口花眼—缝合袖面内缝—缝合大小袖衩—缝合袖外缝—钉袖纽扣
领子	收领底折线—合领底领面—领子熨烫定型
组合	勾前门止口，对点，合里子扒缝—整烫驳头—打过面—合肩缝—分烫肩缝
绱领子	绱领子—打领底纤纶—烫领子、驳头
绱袖子	绱袖子—烫顺袖缝 —装弹袖棉、切割垫肩—缝合里布袖窿—上袖里布
整烫	拆线，锁眼，整烫

一、收胸省，合侧片（普通平缝机）

工艺操作方法及要求	操 作 图 示	质 量 标 准
1. 缝合胸省：省上部垫斜丝布条，省下部缝线直顺，结尾回针 2. 缝合侧片缝：对齐刀眼，绱线平顺，缝位1cm	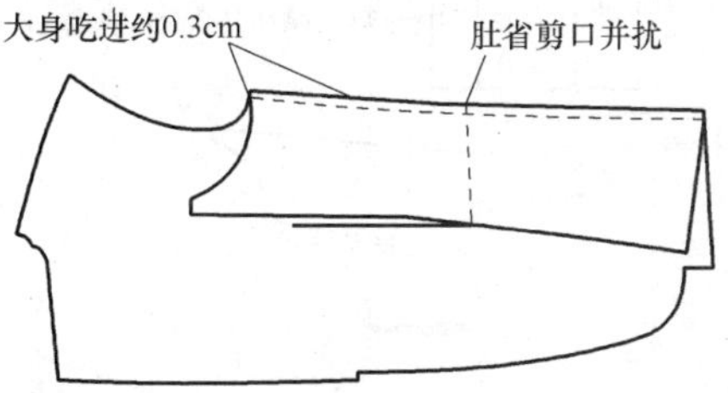 大身吃进约0.3cm　　　肚省剪口并扰	1. 缝位一致，绱线顺直平服，刀眼对正 2. 上下线松紧适宜，不浮线，不漏针，绱线顺直，刀眼对正，省缝上下不能有吃势，左右对称

二、分烫胸省和侧缝（专用压烫机）

工艺操作方法及要求	操 作 图 示	质 量 标 准
分烫胸省、侧缝，不要拉伸缝头，保持腰部曲线。袋口肚省合拢，居中附粘合衬	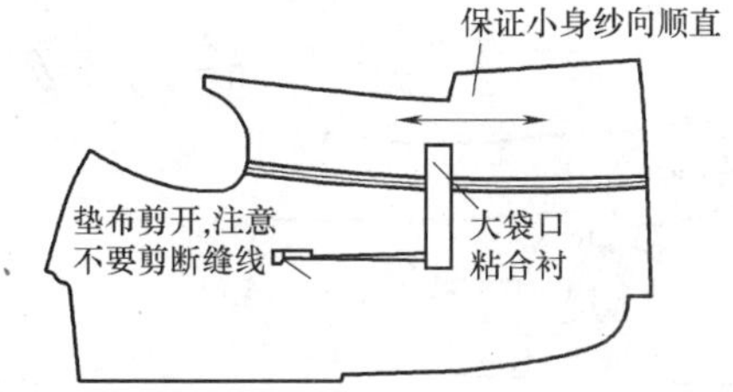 保证小身纱向顺直 垫布剪开，注意不要剪断缝线　大袋口粘合衬	省尖、缝份分开烫，不可以有眼皮，袋口粘合衬位置居中，粘袋口衬时必须保证小身纱向顺直

三、机开大袋（专用开袋机）

工艺操作方法及要求	操 作 图 示	质 量 标 准
放正前身，感应灯线对准袋位，机开大袋，条格面料注意袋盖与大身的对正	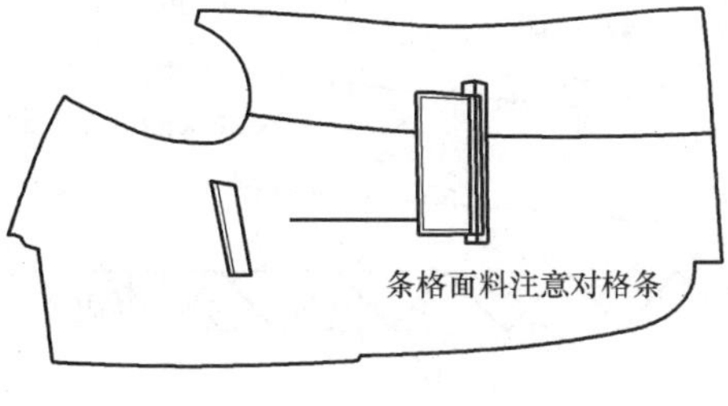 条格面料注意对格条	开线左右对称，袋盖与衣片条格要正

四、剪开三角，翻烫开线（专用烫台）

工艺操作方法及要求	操 作 图 示	质 量 标 准
1. 剪三角距缝线0.1cm，切不可剪断缝线，两端开线中间打开 2. 翻烫开线：先把开线烫平，再把袋盖翻到正面压烫平整，注意袋口方正，开线宽窄一致	袋口压烫定型	剪口到位，不能剪到缝线，袋口无多余线头，烫好的口袋开线要上下宽窄一致，角度不歪斜，袋口方正，袋盖平服，对正条格

五、装大袋布（普通平车）

工艺操作方法及要求	操 作 图 示	质 量 标 准
1. 把垫底折边，压0.1cm明线绱到袋布上 2. 封开线三角时紧挨着大身打两次倒回针，封时注意丝缕要正，以保证袋口的方正	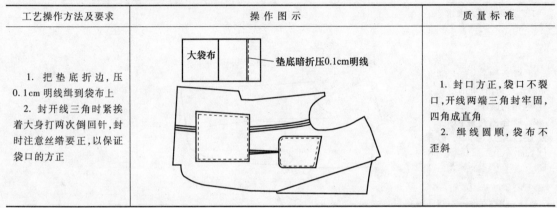大袋布　垫底暗折压0.1cm明线	1. 封口方正，袋口不裂口，开线两端三角封牢固，四角成直角 2. 绱线圆顺，袋布不歪斜

六、开胸袋（普通平缝机）

工艺操作方法及要求	操 作 图 示	质 量 标 准
1. 将胸袋内部按样板划线 2. 垫底：绱合垫底，间距1cm，缝线平行	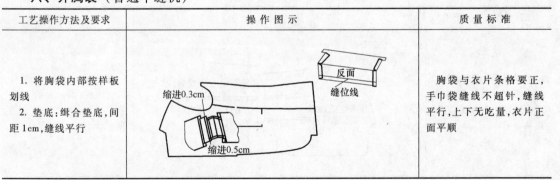缩进0.3cm　缩进0.5cm　反面　缝位线	胸袋与衣片条格要正，手巾袋缝线不超针，缝线平行，上下无吃量，衣片正面平顺

七、封胸袋及三角宽度（专用三角针平车）

工艺操作方法及要求	操 作 图 示	质 量 标 准
1. 标准小三角针封口 2. 条、格面料，对齐条格	第一趟线　第二趟线　图一　0.5cm　0.5cm　0.1cm　图二	1. 条格对齐，胸袋方正，角度美观，不露毛角 2. 两边直，绱线顺直

八、后背

1. 缝合后背中缝（单针送布平车）

工艺操作方法及要求	操 作 图 示	质 量 标 准
1. 定位缝合后中缝，首位打回针 2. 刀眼对准，上下层不偏移，条格面料注意对正条格	1.5cm　2.0cm	缝位一致，缉线顺直，条格对正。上下缝线松紧适宜，不浮线，无漏针

2. 缝合摆衩角（普通平车）

工艺操作方法及要求	操 作 图 示	质 量 标 准
1. 定位缝合摆衩，首尾打回针 2. 修剪缝头，翻出摆衩，注意衩角的方正	做摆衩	缝线松紧适宜，牢固。摆衩角方正自然，不外翻

3. 组合摆衩面里（普通平车）

工艺操作方法及要求	操 作 图 示	质 量 标 准
摆缝面里刀眼对准，缝位 1cm，合摆衩面里	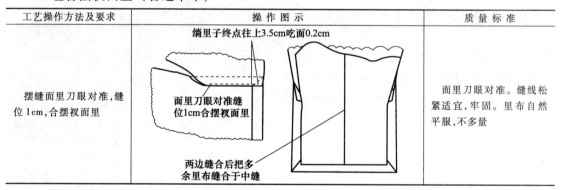 缉里子终点往上3.5cm吃面0.2cm 面里刀眼对准缝位1cm合摆衩面里 两边缝合后把多余里布缝合于中缝	面里刀眼对准。缝线松紧适宜，牢固。里布自然平服，不多量

九、里子

1. 合前片侧片，接过面（普通平缝机）

工艺操作方法及要求	操 作 图 示	质 量 标 准
缝合衬里前片侧片，根据客户的要求确定是否加进汗托。合衬里与过面，按照图示要求缝合吃进，前胸处活褶刀眼要对准，缝位为 1cm	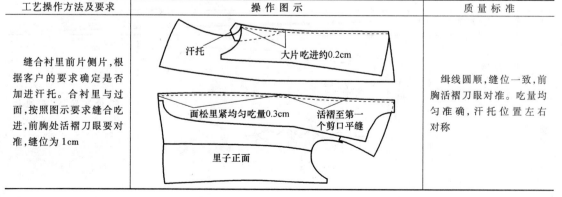 汗托　　大片吃进约0.2cm 面松里紧均匀吃量0.3cm　　活褶至第一个剪口平缝 里子正面	缉线圆顺，缝位一致，前胸活褶刀眼对准。吃量均匀准确，汗托位置左右对称

2. 里过面珠边（链式珠边机）

工艺操作方法及要求	操 作 图 示	质 量 标 准
1. 距挂面缝线 0.15cm 链式珠边一道 2. 缝头松紧适宜，不可浮线，不能漏针		距过面缝线距离一致，顺直，整齐美观，缝线松紧适宜，不可浮线，不能漏针

十、机开里袋和名片袋

工艺操作方法及要求	操 作 图 示	质 量 标 准
开袋机，根据口袋大小调整机器程序，按程序操作	里布正面	袋口方正

十一、装里袋布和水洗标（普通平缝机）

工艺操作方法及要求	操 作 图 示	质 量 标 准
1. 根据客户要求核对水洗标，核对三角要求 2. 将袋口打回针，装里袋，卡袋布，三角，水洗标 3. 水洗标的位置在左侧里袋居中	2.0cm	封口方正，袋口不裂口，缉线圆顺，袋布上下两层平服，袋布不歪斜。三角居中，水洗标不可压到字，距口袋中间

十二、袖子
1. 大袖拔缝（专用拔袖压机）

工艺操作方法及要求	操 作 图 示	质 量 标 准
把一对大袖丝绺理顺摆放在烫台上，拔量内袖缝中间一段	拔开0.5～0.6cm	拔量准确，左右袖片对称

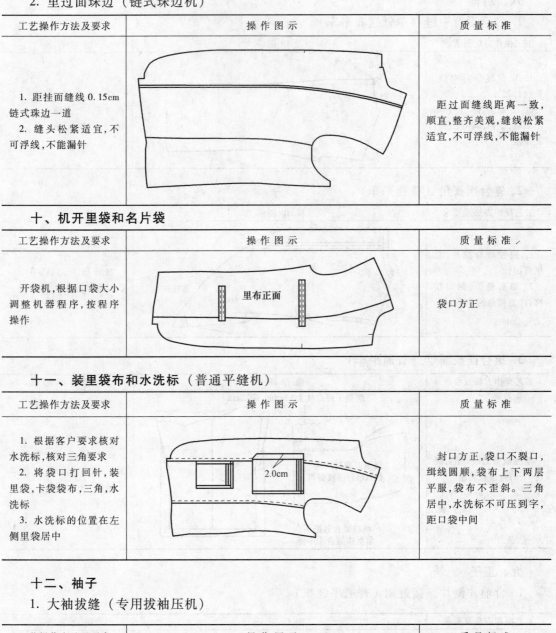

2. 锁袖口花眼（专用机）

工艺操作方法及要求	操作图示	质 量 标 准
1. 根据要求核对线色、花眼形式、数量 2. 根据面料的性能按照工艺锁眼	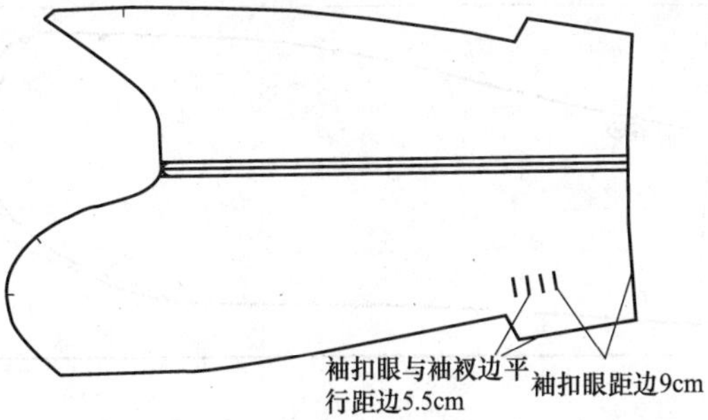 袖扣眼与袖衩边平行距边5.5cm　袖扣眼距边9cm	1. 锁眼线松紧适宜 2. 所有扣眼的连线与袖边平行

3. 缝合袖面内缝（普通平缝机）

工艺操作方法及要求	操作图示	质 量 标 准
刀眼对准，绲线平顺，收尾打回针	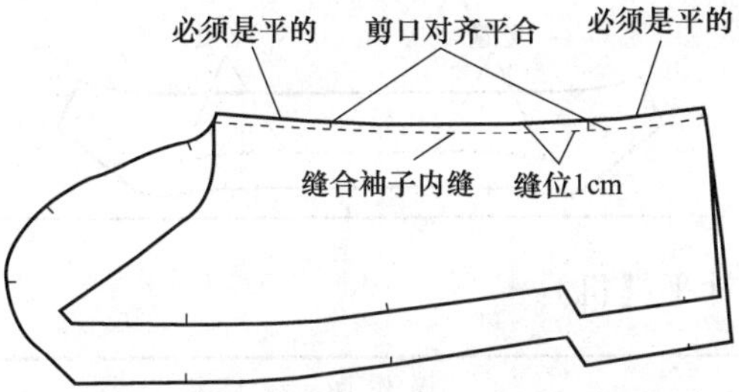 必须是平的　剪口对齐平合　必须是平的 缝合袖子内缝　缝位1cm	1. 缝位一致，绲线顺直，刀眼对正 2. 上下缝线松紧适宜，不浮线，无漏针

4. 缝合大小袖衩（普通平缝机）

工艺操作方法及要求	操作图示	质 量 标 准
根据客户的要求做大、小袖衩，收尾打回针	缝合大袖衩　缝合小袖衩	1. 缝线松紧适宜、牢固 2. 袖衩角方正自然

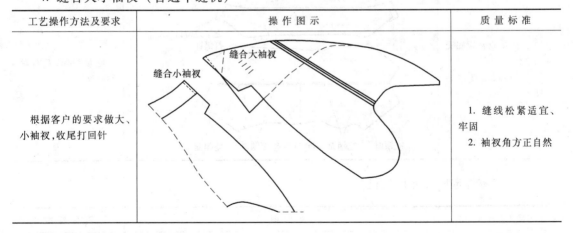

5. 缝合袖外缝（普通平缝机）

工艺操作方法及要求	操作图示	质 量 标 准
1. 刀眼对准，缝合外缝，缝位1cm 2. 绲线平顺，收尾打回针	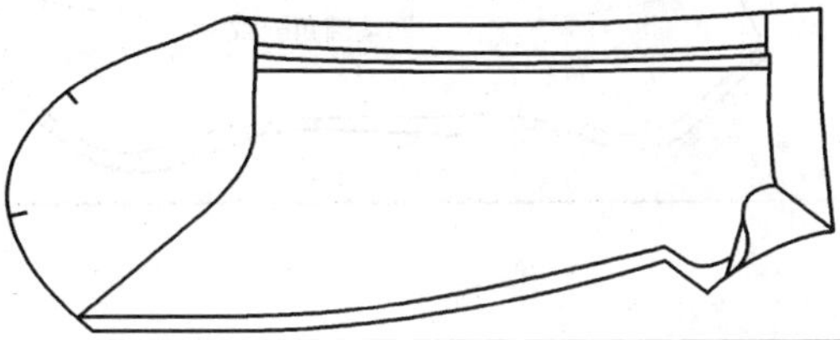	1. 缝位一致，绲线顺直，刀眼对正 2. 上下缝线松紧适宜，不浮线，无漏针

6. 钉袖纽扣（平缝钉纽扣机）

工艺操作方法及要求	操 作 图 示	质 量 标 准
1. 按照要求选择纽扣，注意缝线的颜色 2. 平缝钉纽扣，缝线松紧适宜，钉扣牢固		缝线松紧适宜，钉扣牢固，位置正确

十三、领子

1. 收领底折线（收领底机）

工艺操作方法及要求	操 作 图 示	质 量 标 准
核对好样板，划领底反折线，将划好的线用收领底机做		领底左右对称一致

2. 合领底领面（三角针平缝机）

工艺操作方法及要求	操 作 图 示	质 量 标 准
1. 三角针缝合领底呢两端垫底 2. 刀眼对准，缝合领面领底		吃量均匀，左右对称一致

3. 领子熨烫定型（专用压机）

工艺操作方法及要求	操 作 图 示	质 量 标 准
1. 修剪领角然后翻过来，烫领角 2. 外领口的眼皮一致		领角圆角左右对称一致，领面窝服自然。领面丝缕不偏斜

十四、组合

1. 勾前门止口（专用平缝机）

工艺操作方法及要求	操作图示	质量标准
1. 核对划线样板，划领嘴形状线 2. 注意缝线直顺，两端圆角一致	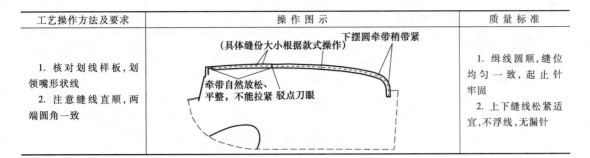 （具体缝份大小根据款式操作）　下摆圆牵带稍带紧 牵带自然放松、平整，不能拉紧　驳点刀眼	1. 缉线圆顺，缝位均匀一致，起止针牢固 2. 上下缝线松紧适宜，不浮线，无漏针

2. 对点，合里子扒缝（普通平车）

工艺操作方法及要求	操作图示	质量标准
缝合里子扒缝，线迹平整，缝份一致	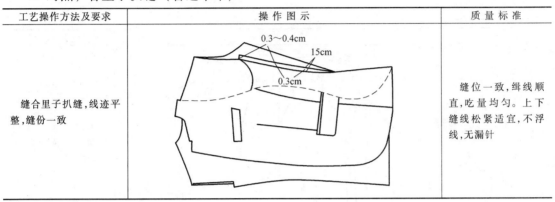 0.3～0.4cm　15cm　0.3cm	缝位一致，缉线顺直，吃量均匀。上下缝线松紧适宜，不浮线，无漏针

3. 整烫驳头（专用烫模）

工艺操作方法及要求	操作图示	质量标准
整烫驳头，注意挂面吐口均匀一致，两端缺嘴方圆一致，条格对称	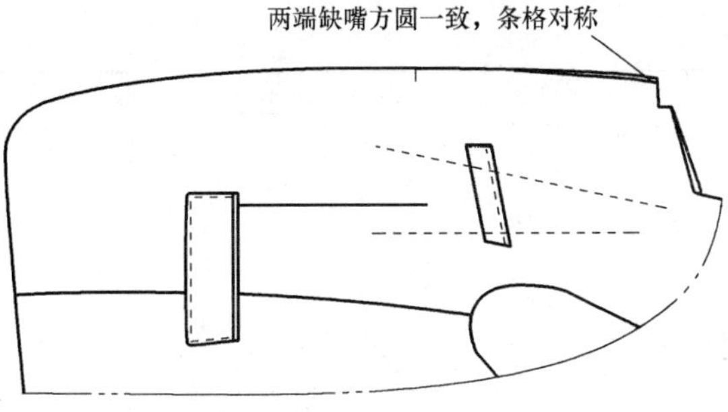 两端缺嘴方圆一致，条格对称	驳头下摆自然服帖，两片左右对称

4. 打过面（定针附衬机）

工艺操作方法及要求	操作图示	质量标准
根据不同的面料性能推给量，确保驳头平服不能反翘 注意打过面之前要将袋布摆平	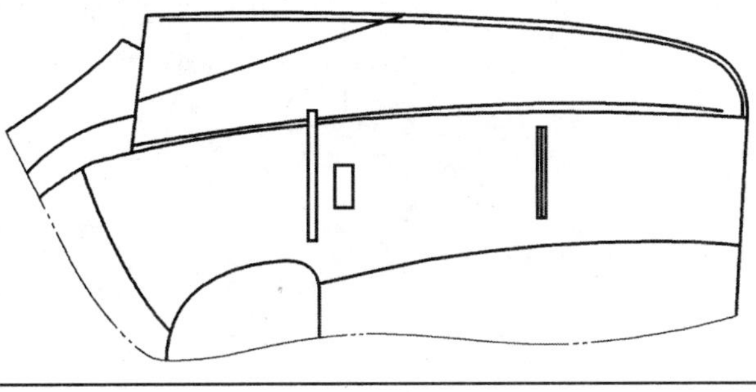	驳头平服自然，不翻翘

5. 合肩缝（普通平缝机）

工艺操作方法及要求	操作图示	质量标准
将前后衣片摆平，缝位0.9cm，后片吃量均匀	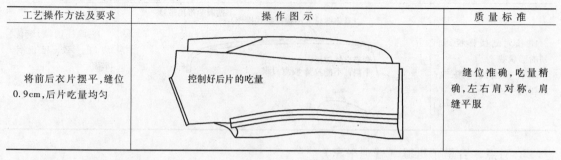控制好后片的吃量	缝位准确，吃量精确，左右肩对称。肩缝平服

6. 分烫肩缝（专用压烫机）

工艺操作方法及要求	操作图示	质量标准
分烫肩缝时先归拢后肩吃势，肩缝分缝后摆成"S"形进行压烫定型	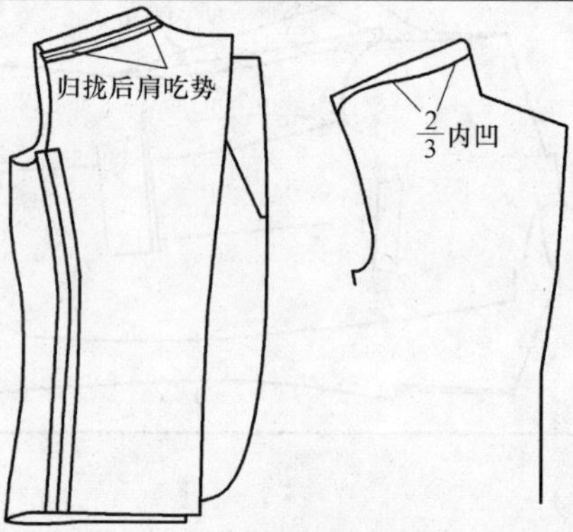 归拢后肩吃势　$\frac{2}{3}$内凹	缝分开烫，不可有眼皮。归拢自然平服，肩缝顺直

十五、绱领子

1. 绱领子（普通平车）

工艺操作方法及要求	操作图示	质量标准
缝头必须一致。绱完后比一下领角的长短，左右是否对称	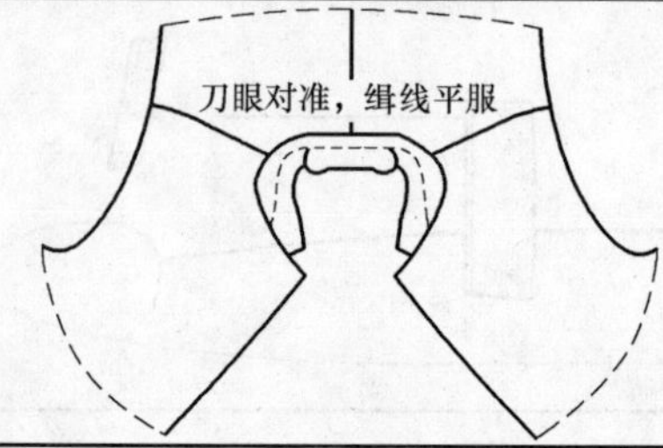 刀眼对准，缉线平服	领角左右对称，平服自然，串口要直。驳头领面左右长短一样

2. 打领底纤纶（纤领机）

工艺操作方法及要求	操作图示	质量标准
扦固领圈，领底刀口对准肩缝，后领中	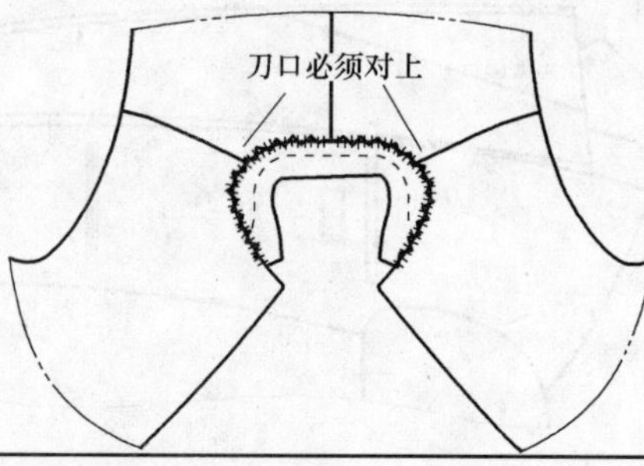 刀口必须对上	不透针、不漏针，缝线松紧适宜

3. 烫领子，烫驳头（普通烫台）

工艺操作方法及要求	操作图示	质量标准
首先折固领底线，烫串口顺直	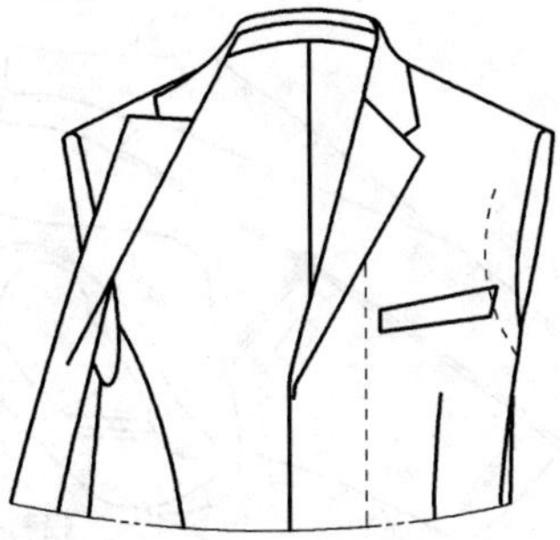	翻领帖服自然，领角驳头不反翘，串口平服

十六、绱袖子

1. 绱袖子（专用绱袖机）

工艺操作方法及要求	操作图示	质量标准
1. 分清左右袖，把袖子放进隆，把袖子袖隆压在衣身袖隆上 2. 先绱右袖后绱左袖	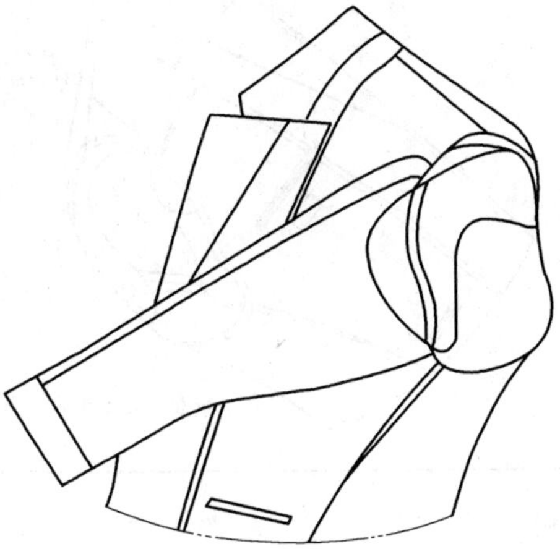	剪口对齐，各部位吃量大小适当、均匀。缝迹直顺，缝头必须一致。绱出来的袖子应左右对称

2. 烫顺袖缝（专用烫台）

工艺操作方法及要求	操作图示	质量标准
将衣服反面的袖隆部分摆上烫台，再烫平、烫顺袖缝头	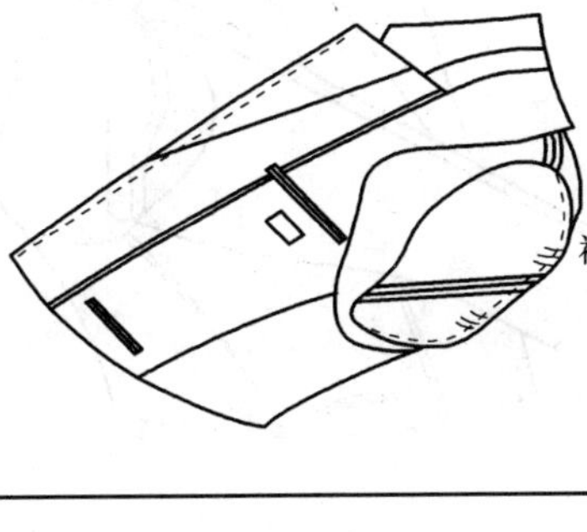 归拢烫顺袖缝的吃量	烫平归顺袖缝头，袖型饱满圆顺

3. 装弹袖棉，切割垫肩（割袖条机）

工艺操作方法及要求	操作图示	质量标准
从小袖缝往前绱袖棉条，按袖子吃量的大小把棉条随绱随吃，缝线距绱袖线 0.2cm	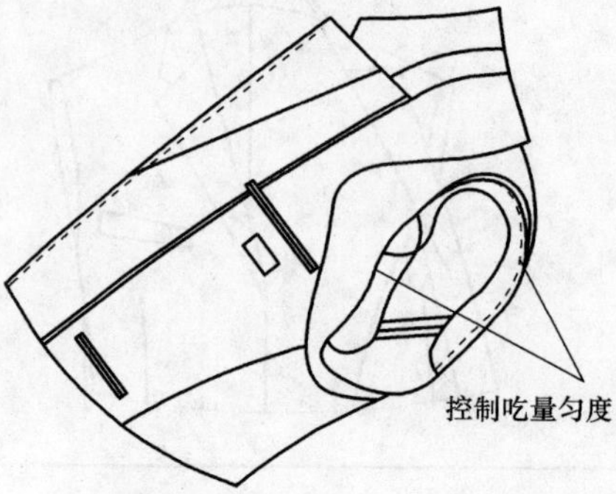	袖窿吻合饱满，肩平服自然，袖子圆顺，缝线松紧适宜

4. 缝合里布袖窿（专用定针机）

工艺操作方法及要求	操作图示	质量标准
1. 把衣服里子放在外面，面里摆放整齐，松紧一致，由袖窿摆缝起针，缝头 0.3cm 2. 沿袖窿向肩缝绷缝		面里松量自然适宜，袖窿里布分布均衡

5. 上袖里布（上袖里机）

工艺操作方法及要求	操作图示	质量标准
1. 把前袖缝和后袖缝的位置画在里子衣身的袖窿上 2. 缝头 0.6cm 收尾不回针，把袖里上到袖窿缝头上，按照剪口吃量	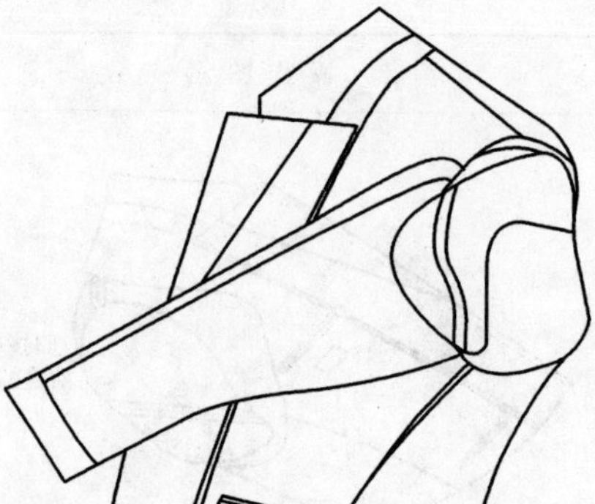	袖窿平服，袖里吃量自然，缝线松紧适宜

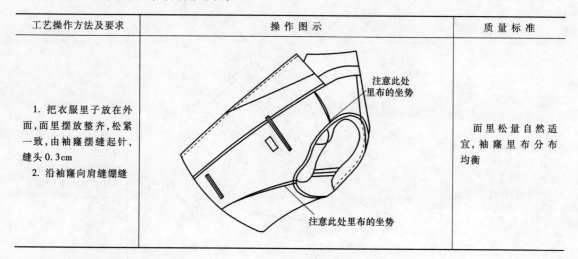

十七、拆线

工艺操作方法及要求	操 作 图 示	质量标准
将衣服上所有不需要的临缝附线拆掉		衣服整洁无线头

十八、锁扣眼（圆头锁眼机）

工艺操作方法及要求	操 作 图 示	质量标准
按款式要求,核对好锁眼尺寸,选择正确的线号		准确、不偏斜,线迹松紧适宜、美观

任务五　整　烫

熨烫部位	工艺操作方法与要求	质量要求
烫肩	1. 根据不同面料选择相应的程序 2. 双肩烫完后,检验合格,套入衣架顺入下序	肩部平整无印痕,肩缝成流畅的弧形
压烫袖隆	1. 把肩翻过来使里子袖隆露出来 2. 把袖隆圈部位的袖面放在在下面,套在烫台上,打气压烫袖隆	正面看袖隆圆顺无皱褶,呈完美弧形,袖隆处袖子要贴大身
整烫前片	1. 由技术人员根据不同面料的性能调好不同的程序,存入机器上的电脑中,工作时由工作人员根据不同的面料选择相应的程序 2. 将衣服前片穿在人型烫台上 3. 压烫	1. 门里襟平板有型,止口线圆顺平直 2. 口袋周围无印痕,中缝、侧缝自然垂直底边 3. 开叉自然顺直
整烫后片	1. 根据不同面料选择相应程序 2. 把衣服的左后片穿在左后背型烫台上 3. 压烫 4. 把衣服穿在右后背型烫台上,操作顺序与左后背一样	1. 后片平整无皱褶,底边顺直、平整 2. 手巾袋和大口袋要平整,无印痕 3. 衣服前片整体平整、型正
整烫领子	根据不同面料选择相应程序 1. 把衣服穿在烫模上,理顺领子。左右驳头对称 2. 吸风,压烫	领上口线圆顺,领面无皱褶、无印痕,驳头两边对称。领子翻折线要烫死,无印痕
烫内外袖缝	烫内袖缝:把衣服摆在烫台上,内缝套在烫模上,吸风,下模,压烫	内袖缝压死,无印痕
	烫外袖缝:把衣服摆在烫台上,袖套在烫模上,吸风,平模,压烫	外袖缝呈自然弧度,缝压死,无印痕

（续）

熨烫部位	工艺操作方法与要求	质量要求
烫里子	1. 操作人员根据不同里料调节适当的温度 2. 把衣服横着摆平,将里子的缝迹及挂面、腋下三角、袖窿圈全部烫平	将里子烫顺烫平,无印痕,中缝顺直,底边平直
整烫驳头	1. 根据不同面料选择相应程序 2. 将衣服从衣架取下,放入两个烫台中间,压烫	驳头面平整无印痕,左右对称

任务六　成品检验

一、正面检验

（1）衣服表面无残疵、脏污、色差、毛露,整烫未留有印迹。

（2）衣服珠边宽窄一致,线路整齐。

（3）领子左右对称,领面平整,无起空现象。

（4）手巾袋宽窄一致,无裂口,封手巾袋无漏针现象。

（5）外大口袋的袋盖平服,不起翘,开线顺直,封袋口到位。

（6）袖子顺直、不起空,袖窿圆顺、不打缕,两边袖型一致、无前后现象。

（7）前胸平整,无打缕现象。

（8）前门长短一致,扣与扣眼对齐,前门无反翘现象。

二、反面检验

（1）将一件衣服翻过来查看里部整烫是否留有印记。

（2）里口袋无裂口,开线顺直。

（3）里三角夹的位置正确。

（4）内珠边顺直,无漏针现象,宽窄均匀。

（5）核对工艺与计划单,标志钉法、位置要正确。

（6）针距密度符合:明暗线 12～13 针/3cm。

🎗 **项目成果评价**

男西服制作工艺评分标准

项目	评 分 标 准	扣 分 规 定	分值	得分	教师审阅
规格测量	1. 衣长允许 ±1.0cm 2. 胸围允许 ±2.0cm 3. 袖长允许 ±0.7cm 4. 肩宽允许 ±0.6cm	1. 衣长超公差扣 2 分 2. 胸围超公差扣 1 分 3. 袖长超公差扣 1 分 4. 肩宽超公差扣 1 分	5分		

（续）

项目		评分标准	扣分规定	分值	得分	教师审阅
前衣身部位	衣领驳头部位	1. 领面平服,领口圆顺不卡脖、不离脖,领止口顺直、平服、不反吐 2. 串口顺直,左右长短一致 3. 领角、驳角、豁口、驳头平服,两侧对称,大小一致 4. 领翘适宜,驳位准确 5. 驳口顺直,驳头丝绺顺直,两侧一致	1. 领面、领止口、领角、驳角不平服、不对称,各扣1分 2. 串口不顺直,长短不一致,左右不对称,扣2分 3. 领角、驳头、豁口、驳头不平服,左右不对称,互差大于0.3cm,扣2分 4. 领翘不适宜,驳位不准确,各扣1分 5. 驳口不顺直,驳头丝绺不顺直,各扣1分	10分		
	门里襟	门、里襟平服,不还口,不起翘,不搅不豁,止口顺直、不反吐,门里襟长短一致,下摆圆头大小两侧一致	门、里襟不平服、不顺直、起翘、搅止口、豁止口、止口不顺直、下摆圆头不对称,各扣0.5分	4分		
	纽眼、纽扣	眼位准确,眼与口相对,口与眼大小相适应,钉纽牢固	眼位偏斜,口与眼大小不相适应,口与眼位不相对,钉纽不牢固,各扣1分	4分		
	左右肩缝	肩部平服,肩缝顺直不后甩,左右吃势匀称一致	1. 肩部不圆顺,不平服,扣1分 2. 肩缝不顺直,向后甩,扣1分 3. 两肩宽窄互差大于0.4cm,扣2分	4分		
	左右前胸	胸部饱满,面、里、衬服帖、挺括,位置准确,左右对称	1. 胸部不饱满、不挺括,扣2分 2. 胸部位置不适宜,左右不对称,扣2分	4分		
	手巾袋	手巾袋平服、方正,袋口宽窄一致,丝绺相符	手巾袋口不平服,袋口宽窄不一致,各扣1分	2分		
	左右胸省、胁省	胸省、胁省平服、顺直,左右长短一致	胸省、胁省不平服、不顺直、不对称,长短不一致,各扣0.5分	4分		
	左右大袋	大袋平服,袋口方正,封结牢固、整齐,袋盖与大身丝绺相符	袋口不平服,不方正,丝绺歪斜,两袋不对称,各扣1分	4分		
衣袖部位	袖山头	袖山头圆顺,吃势均匀	袖山头不圆顺,吃势不匀,各扣2分	4分		
	两袖前后位置	两袖前后位置适宜,不翻不吊,左右对称,以大袋1/2前后1cm为准,袖前上部10cm直丝与大身丝绺平行为宜	两袖前后位置适宜,两袖不对称,袖子翻吊,各扣1分	3分		
	前后袖缝	前后袖缝平服、顺直	前后袖缝不平服、不顺直,各扣2分	2分		
	袖子叠针	叠针牢固,松紧适宜,针距匀称	叠针不牢固,松紧、针距不适宜	1分		
	袖纽	袖位准确、整齐、牢固	纽位高低不准确、不整齐、不牢固	2分		
	袖口	袖口平服,两袖口大小一致	袖口不平服,两袖口大小互差大于0.4cm	1分		

（续）

项目		评 分 标 准	扣 分 规 定	分值	得分	教师审阅
后衣身部位	后领面	后领面平服,丝绺与后背缝相对	后领面不平服,丝绺歪斜	2分		
	后背	后肩背圆顺,后背方登	后肩不平服,后背不方登	2分		
	背缝、摆缝	背缝、摆缝平服、顺直、松紧一致	背缝、摆缝、不平服、不顺直、起涟形,各扣1分	3分		
	背衩或摆衩	不搅不豁,长短一致	背衩或摆衩不平服、不顺直,止口搅、豁,长短不一致,各扣0.5分	2分		
夹里部位	挂面	挂面平服,左右宽窄一致,缉缝顺直,松紧适度	挂面不平服,宽窄不一致,缉缝松紧不一	2分		
	肩缝	肩缝平服、顺直,松紧适度	肩缝不平服、不顺直,各扣1分	1分		
	里袋、笔袋、卡袋	袋口整齐,袋嵌线宽窄一致,封口牢固、整洁	袋嵌线宽窄互差>0.1cm,袋口不方正,封口不牢固,各扣1分	3分		
	号型、标记、商标、成分带、洗涤说明	各种标志位置准确、端正、清晰	各种标志位置不准确、歪斜、不牢固,标志不清晰	3分		
	胸省、胁省	省缝顺直、平服	省缝不平服、不顺直	2分		
	摆缝	摆缝平服、顺直,叠针牢固,松紧适宜	摆缝不平服、不顺直,叠针不牢固,松紧不适宜	1分		
	袖窿缲针	缲针整齐、牢固,松紧适宜	缲针不牢固,针距不匀,松紧不适宜	1分		
	领吊带	领吊带位置端正、整齐、牢固	领吊带不端正、歪斜、不牢固	1分		
	背缝	背缝顺直、平服,坐势适当	背缝不顺直、不平服	1分		
	底边	底边宽窄一致	底边宽窄不一致	2分		
综合性检验部位	整件产品整洁	产品整洁,无污渍,无烫迹,无线头、无线丁、无粉印	产品不整洁,面有污渍,在2cm²以上,各扣1分	2分		
			线头未修,长于1.5cm以上,线丁、粉印外露,各扣0.5分	2分		
			里子有污渍,面积在1~4cm²	1分		
			熨烫有极光、有水花,各扣1分	2分		
	整件产品疵点	外观疵点符合产品标准要求	前片腰节以上,后片腰节以上,袖片袖肘线以上部位不合格	2分		
			前片腰节以下,后片腰节以下,袖片袖肘线以下部位不合格	1分		
	整件产品对条对格	对条对格符合产品标准要求	每不符合一项扣0.5分,扣完为止	3分		
	整件产品色差	主要表面部位无色差	领面、驳头、手巾袋、大袋部位,每有色差一处扣1分,扣完为止	2分		

（续）

项目		评 分 标 准	扣 分 规 定	分值	得分	教师审阅
综合性检验部位	整件产品色差	主要表面部位无色差	其他表面部位扣0.5分	0.5分		
			里料色差扣0.5分	0.5分		
	整件产品针密度	针密度符合标准要求	机缝、手缝、锁眼、钉扣线迹不符合标准,每项扣0.5分	2分		
	整件产品辅料配用	辅料配用符合合同要求	辅料与面料配伍不相适应,或辅料质量低劣,酌情扣分,扣完为止	2分		

严重问题扣分规定：

（1）丢工、缺件，严重脱线、开线、断线（在2cm以上），扣5分

（2）严重污迹，面积在2cm²以上，色差4级以下，扣10分

（3）做错工序扣10分（有争议的按工艺考核）

（4）烫黄、变质、破损扣10分

（5）纽扣有残损，影响使用的扣5分，不影响使用的扣3分

温馨提示　以上扣分在该件产品换算前扣。

练一练

尝试制作一件男西服（款式、规格不限）。

训练任务：①设计款式图；②写出制作工艺流程；③按照男西服工艺操作方法与要求进行缝制、检验；④组织项目展评活动。

参 考 文 献

[1] 李凤云，孙丽. 服装制作工艺 [M]. 2 版. 北京：高等教育出版社，2006.